PPT速成记达人

+ 呆萌简笔画

Speed up!

不一样的职场生活

Different workplace life

德胜书坊 著

U0244640

中国青年出版社

不一样的职场生活——
PPT 达人速成记 + 呆萌简笔画
德胜书坊 著

出版发行:	中国青年出版社	
地　　址:	北京市东四十二条21号	
邮政编码:	100708	
电　　话:	(010) 50856188 / 50856199	
传　　真:	(010) 50856111	
企　　划:	北京中青雄狮数码传媒科技有限公司	
策划编辑:	张　鹏	
责任编辑:	张　军	
封面设计:	张旭兴	
印　　刷:	北京凯德印刷有限责任公司	
开　　本:	889 x 1194 1/24	
印　　张:	10	
版　　次:	2019年3月北京第1版	
印　　次:	2019年3月第1次印刷	
书　　号:	ISBN 978-7-5153-5334-0	
定　　价:	59.90 元	
	(附赠独家秘料,获取方法详见封二)	

本书如有印装质量等问题,请与本社联系
电话: (010) 50856188 / 50856199
读者来信: reader@cypmedia.com
投稿邮箱: author@cypmedia.com
如有其他问题请访问我们的网站: http://www.cypmedia.com

图书在版编目 (CIP) 数据

PPT 达人速成记+呆萌简笔画 / 德胜书坊著. — 北京: 中国青年出版社,2019.1
(不一样的职场生活)
ISBN 978-7-5153-5334-0

I.①P … II.①德… III. ①图形软件 IV. ①TP391.412

中国版本图书馆CIP数据核字 (2018) 第228595号

PPT达人速成记
速成记
达人
+ 呆萌简笔画
Speed up!
不一样的职场生活
Different workplace life

序言
Preface

为你的职场生活
添上色彩！

本系列图书所涉及内容

职场办公干货知识+简笔画/手帐/手绘/健身，
带你体验不一样的职场生活！

《不一样的职场生活——Office达人速成记+工间健身》

《不一样的职场生活——PPT达人速成记+呆萌简笔画》

《不一样的职场生活——Excel达人速成记+旅行手帐》

《不一样的职场生活——Photoshop达人速成记+可爱手绘》

更适合谁看？

想快速融入职场生活的职场小白，速抢购！

想进一步提高，但又不愿报高价培训班的办公老手，速抢购！

想要大幅提高办公效率的加班狂人，速抢购！

想用小绘画丰富职场生活但完全零基础的手残党，速抢购！

本系列图书特色

市面上办公类图书都会有以下通病：

理论多，举例少——讲不透！

解析步骤复杂、冗长——看不明白！

本系列书与众不同的地方：

多图，少文字——版式轻松，文字接地气！

从实际应用出发，深度解析——超级实用！

微信+腾讯QQ——多平台互动！

干货+手绘/简笔画——颠覆传统！

附赠资源有什么？

你是不是还在犹豫，这本书到底买的值不值？

非常肯定地告诉你：六个字，值！超值！非常值！

简笔画/手帐/手绘内容将以图片的形式赠送，以实现"个性化"定制；

Word/Excel/PPT专题视频讲解，以实现"神助攻"充电；

更多的实用办公模板供读者下载，以提高工作效率；

更好的学习平台（微信公众号ID：DSSF007）进行实时分享！

更好的交流圈（QQ群：498113797）进行有效交流！

系列书使用攻略

目录
CONTENTS

9

Chapter 01

让PPT成为自己的知己

知识是珍贵宝石的结晶，
文化是宝石放出来的光泽！

——泰戈尔

PPT能用来做什么

PPT是什么？这个问题大家自行百度一下便知。官方的解释为：PPT是PowerPoint的简称，是微软公司出品的Office软件系列重要组件之一，它是一种演示文稿制作软件。其实说白了PPT就是用来展示你的演讲稿的一种办公软件。

PowerPoint从字面上可翻译为"使观点更有说服力"。而正因为这个原因，它被广泛应用到各个领域，可以说是现在办公不可缺少的软件了。

1. 商务会议

无论是公司方案研讨会，还是新品发布会，都少不了PPT的应用。你可以通过PPT中的提纲内容，有秩序，有条理的进行讲解，而听者也可通过PPT，快速领会到讲述者的意图。

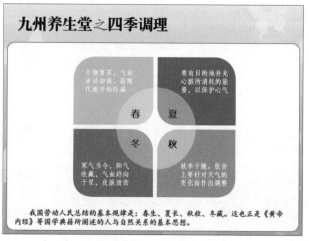

2. 教育培训

无论是在学校，还是在教育培训机构中，一份生动的电子课件不但可吸引学生们的注意力，还可以帮助学生快速理解和消化课堂知识，提高学习效率。

3. 个人演讲报告

无论是就职演说，还是年底工作报告等，一份优秀的PPT会为你在演讲的过程中增添光彩，让听众的思维能够跟着你的节奏走下去。

当然除了以上三大应用领域之外，我们还会在其他领域见到PPT的身影，例如项目招标、管理咨询、婚礼庆典等。随着版本的不断升级，相信PPT还会在更多的领域中施展其魅力。这么说吧，只有你想不到的，没有它做不到的。

PPT有那么重要吗?

　　大家都知道PPT是用来演示文稿的,那么只要PPT做的简洁明了,能够把所需表达的内容表达清楚不就OK了吗? 为什么还要花时间和精力在PPT制作上呢? 其实小德子也一直有这样的疑问,当在网上看了N份有关于PPT制作的资料后,才明白一份好的PPT对讲述者真的很重要。

1. PPT是讲述者与听众沟通的桥梁

　　可以想象在舞台上无论讲述者口才是多么好,但如果他没有一份像样的PPT与听众互动,估计听众有可能只是听个一知半解,甚至无心听讲。PPT的根本目的在于沟通,无论是什么性质的演讲,都需要大量的数据或论据来佐证你的观点和想法,此时如果有更加立体的观点呈现方式,让听众更容易理解,那么PPT则当之无愧的。PPT既可以通过人的言语来听到,又可以通过图文视频看到,这样通过双重感知传递信息,给听众的印象更加深刻。

2. PPT是把双刃剑

　　虽然PPT能够帮助我们实现很多效果,但我们不能因为过分追求PPT效果,而忽略了其最终目的。一份好的PPT,不是仅仅靠几个超炫的动画和几张图片就可以的,它是在考虑了演讲场合,公司背景等诸多因素下精心制作而成的。对于那些需要进行视觉沟通的场合,PPT是不可代替的。而对于那些视觉化较弱的场合,可以不用PPT。因为乱用PPT,会毁了PPT。

SECTION 03 什么样的PPT才算好

到底什么才算好的PPT呢？好的PPT应具备哪些共同的特征呢？下面将结合自己的制作经验对这两个问题进行归纳总结。

1. 简约大气，拒绝单调

目前版式简约大气的PPT越来越受大众追捧。简约的版面设计减少了认知障碍的产生，使信息传递效果达到最强。相反，拥挤的版面会让人看起来十分难受，就算其中的内容再有条理型，相信阅读者都不会有耐心看下去。大家可以关注一些资深的企事业家召开的新品发布会，他们通过简单的图片和简短的文字，就能达到非常理想的效果。

当然，PPT版式简约大气固然重要，但是如果每页都是一种形式，这就显得呆板单调。人都有审美疲劳，反复观看一种形式的版式，就会觉得毫无生趣，提不起精神。所以在PPT版式中，偶尔也需要添加一些新鲜的元素。

2. 设计风格需统一

一份好的PPT其设计风格应保持一致，这样的视觉效果才会更出彩。相反，风格各异的PPT则会让人眼花缭乱，从而影响思路的延续性。

#1 | 你把幻灯片变成了一只大狗！
你是如此地依赖你的幻灯片，以至于演讲过程中，你就象一个小孩牵了一只大狗。你只不过是看着狗想往哪里走，然后跟上。你完全失去了主动，要命的是观众都看得出。

#2 | 你把幻灯片做成了电子杂志！
你设计幻灯片的时候，运用的是设计一本杂志或者小册子的功夫。充满了细节，到处是装饰，字体又很小。听众根本没心思来阅读它。这样的幻灯片不合适用来演讲。

3. 内容丰富，有内涵

　　有了好的版式后，如果内容简陋，无内涵，显然也不是一个好的PPT。说到底PPT就是一个使用工具。而判断该工具的好坏，其核心标准就是看它能否帮助我们达到所需目标。例如，当PPT作为教学课件时，它能否让老师教的轻松，学生学的更好；当PPT作为项目提案时，它能否实现现场签单的可能等。

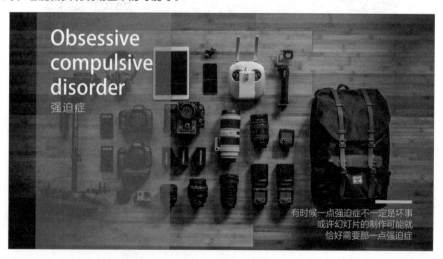

Obsessive compulsive disorder
强迫症

有时候一点强迫症不一定是坏事
或许幻灯片的制作可能就
恰好需要那一点强迫症

学习心得

　　这一课我们学习了有关于PPT知识的介绍，例如PPT的用途和应用领域、设计PPT的重要性以及什么样的PPT才是精彩的PPT。通过学习，你认为一份高大上的PPT是什么样的？不妨将自己心得和想法记录下来。同时也欢迎大家到"德胜书坊"微信公号以及相关QQ群中分享你的经验与心得，让我们给那些想要学好PPT的小伙们一些思路和启发吧！

_____

_____

_____

_____

_____

_____

_____

_____

审美，真的远比操作更重要！希望大家能够多多研究高品质的PPT，让自己审美得到进一步提高！

Chapter

02

PPT也很“好色”

书到用时方恨少，
事非经过不知难

——陆游

你真的会用模板吗?

你真的会用模板吗?或许有人会回答"模板?谁不会用啊!不就是在网上下载PPT模板后,再往上码字和贴图片么,简单啊!"其实就是这么回事!但你想过没,同样都使用了模板,为什么你的PPT和别人的比起来,效果相差很多呢?下面将举例来向大家解释一下这个问题。

⑴ 选用对的模板

对于PPT小白来说,本着"拿来主义"套用高品质模板是最明智的选择。因为它不但能帮助你达到理想的效果,同时也能进一步提升你的审美理念。在选择模板时,如果碰到以下3种类型的模板,就请放弃吧!否则,你会毁了你的PPT!

1. 又土,又过时

这类模板或许在10年前流行过,可现在已经是2018年了。PPT版本都已更新换代了N次了,还在用这些老古董,咱还能来点新意啊!

2. 花哨，喧宾夺主

PPT内容是关键，其他元素都是为了衬托内容而存在的。千万不能盲目追求视觉效果，而忽视了内容。这类模板该突出的不突出，不该突出的反而"脱颖而出"。

3. 平庸，不合主题

这类模板制作的很精致，无论是排版上，还是颜色搭配上都无可挑剔，但就是让人感觉很平淡。看不出适合什么主题内容，感觉放什么内容都可以，结果放什么都不出彩。

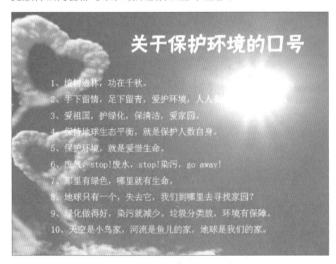 

那有人会问："PPT模板那么多，怎样才能选择合适的？"。回答就一句话："选择与PPT内容相呼应的模板就好"。下面介绍几款经典的模板配搭风格，以供大家参考。

科技商务类风格的PPT几乎都以深蓝色为主色调，给人以科技、专业、清爽和沉稳的感觉，整体风格严谨大方。

知识加油站：扁平化设计是什么鬼？

扁平化设计完全属于二次元，这个概念核心的地方就是放弃一切装饰效果，如阴影，透视，纹理，渐变等。所有元素边界都干净利落，没有任何羽化，渐变效果。尤其是在手机上，更少的按钮和选项使得界面干净整齐，使用起来格外简洁。将PPT中的信息通过更加简单直接的方式展示出来，减少了认知障碍。

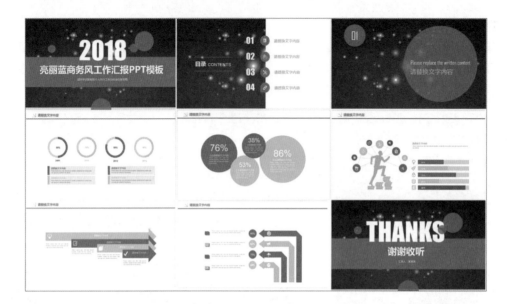

影视广告类风格的PPT，它的版面设计感强，视觉冲击力大，用色很大胆，生动有趣，常常给人以耳目一新的感觉。

教育培训类风格的PPT，主要以简约大方为主，颜色常以明亮的暖色调为主基调，例如黄色、橙色和绿色。这样可提升亲和力和放开感。

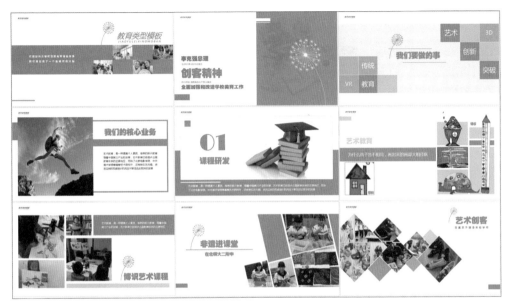

以上3种是按照行业进行分类的。大家还可以按照PPT主题内容来选择合适的模板。例如儿童教育类课件可选择卡通主题模板，公益环保类的演讲报告可选用一些环保主题模板等。

02 模板变装术

　　应用模板后，多多少少都需要对模板进行一些小改动。因为再好的模板也要根据PPT主题内容来调整。再说衣服怕撞衫，咱PPT也怕"撞衫"啊！所以想要你的PPT与众不同，那就来一场变装术吧！

Step 01 打开原始文件，在"视图"选项卡中，单击"幻灯片母版"按钮，打开母版视图界面。右击幻灯片中的矩形，在打开的右键菜单中，选择"编辑顶点"选项。

Step 02 此时，矩形边框是以红色显示。选中矩形左上角控制点，按住鼠标左键不放，向上拖动该控制点至合适的位置，放开鼠标即可。

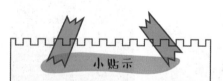

小贴示

在操作过程中，若矩形控制点消失的话，可再次右击矩形，选择"编辑顶点"选项即可。

Step 03 按照同样的方法，完成矩形的更改。在"幻灯片母版"选项卡中，单击"关闭母版视图"按钮，关闭母版视图。选中"标题布局"文本框，将其移动至多边形中，并调整好文本框的大小。

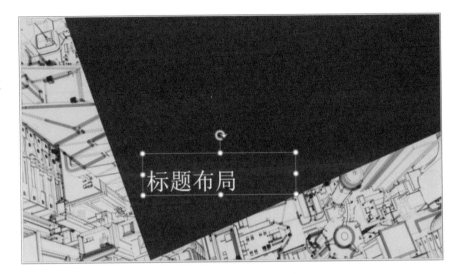

Step 04 全选文本框中的字体，设置好字体和字号。然后选中文本框上方旋转图标，按住鼠标左键不放，将文本框旋转到合适角度，放开鼠标完成旋转操作。适当调整文本框的位置。然后将"副标题"文本框移动到多边形合适位置，并调整好旋转角度。好了，完成操作。

色彩里有大学问，你造吗？

往往PPT里最能打动人的不是文字，也不是图片，而是最不起眼的色彩。色彩会左右人们的情绪，好的配色环境会让人心情舒畅，相反，尴尬的配色则会让人烦躁不安。

01 色彩小科普

我们不是色彩设计师，所以没有必要把色彩研究的很透彻，我们只需要了解最基本的配色知识，然后将它运用到PPT中，使人看起来舒服就可以。

1. 色彩三要素

色彩是由色相、明度和饱和度这3个属性组合而成。

● **色相：**色相就是色彩的名称。例如红色、黄色、蓝色、绿色等。每一种色彩名称表示一个特定色彩相貌特征。如果说明度是色彩的骨骼，那么色相就是色彩的外貌。色相体现着色彩外向的性格，它是色彩的灵魂。

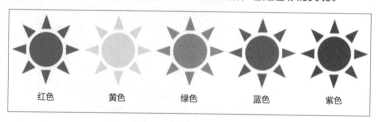

● **明度：**明度又称亮度，是指色彩的明亮程度。任何一种色彩都有一种明度特征。在无色彩中，白色明度最高；黑色则最低。而在有色彩中，黄色明度最高；紫色则明度最低。

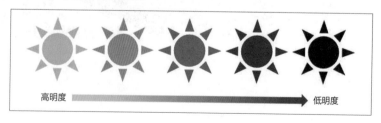

- **饱和度**：饱和度是指色彩的鲜艳程度，又称纯度。饱和度越高，颜色就越鲜艳；相反饱和度越低，颜色就越暗沉。无论哪种颜色，饱和度越低则越接近与灰色。

在PPT中，可以根据需要对色块的色相、明度及饱和度进行调节。选中所需色块形状，在"格式"选项卡中，单击"形状填充"下拉按钮，选择"其他填充颜色"选项，打开"颜色"对话框。在"自定义"选项卡中，拖动相应的滑块进行调整即可。

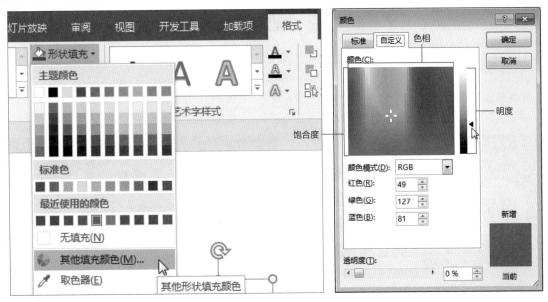

2. 色彩的感知

色彩给人的感知大于文字的感知。色彩可分为暖色、冷色和中性色三种色调，其中暖色包含红色、黄色和橙色；冷色包含青色和蓝色；中性色则包含了紫色、绿色、黑色、白色和灰色。在色彩学上说，暖色和冷色可以带给人不同的心里感受。从情感上来说，暖色调让人感觉亲近，而冷色调则让人感觉疏远。从性格上来说，暖色调让人感觉活跃，而冷色调则让人感觉安静。

　　在进行色彩选择时，一定要注意该颜色是否符合PPT的内容。例如PPT的核心内容是环保，而你选用红色或黄色作为PPT的主导色，那结果就尴尬了！下面小德子罗列了几条用色规律，供给大家参考。

● **红色**：热情奔放、温暖、活泼、吉祥、危险。适用于金融财会、媒体宣传、企业形象展示以及政府党政机关等；

● **橙色**：食物、夕阳、兴奋和快乐。适用于老年产品、工业安全、女性美容服饰、餐饮美食等方面；

● **黄色**：明朗、愉快、华丽、炎热和注意。适用于教育培训、餐饮美食、交通指示以及大型机械等方面；

● **绿色**：新鲜、平静、安逸、活力、生命力和安全。适用于服务行业、卫生保健、工厂等场所；

● **蓝色**：深沉、永恒、平静、理智和寒冷。适用于商业设计、科技产品；

● **紫色**：优雅、高贵、魅力、忧郁和神秘。适用于女性相关产品和企业形象的宣传；

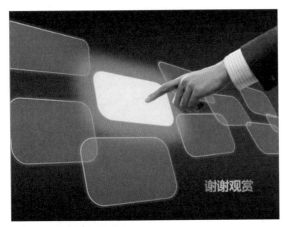

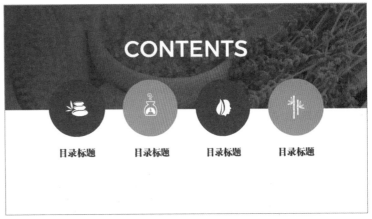

● **白色**：纯洁、纯真、朴素、神圣和明快。适用于科技产品、生活用品、服饰。它和任何颜色搭配都会显得干净，清爽。属于百搭款；

● **灰色**：谦虚、平凡、沉默、中庸和消极。适用于金属相关的高科技产品宣传；

● **黑色**：崇高、严肃、刚健、坚实和黑暗。适用于科技产品、生活用品以及服饰设计等；它与其他颜色搭配可以很好的衬托对方，属于百搭款。

⓪② 这样配色才高大上

PPT中色块的添加，其最终目的是为了衬托主题内容。盲目的追求色块效果，而忽略了内容，那就得不偿失了。那么在PPT中怎样才能配出好的色彩？下面小德子将手把手的教大家一些PPT配色小诀窍。

1. 根据公司LOGO或VI搭配色彩

公司的LOGO是现代企业的标志，它代表着一个企业的形象，其颜色搭配和形状都是经过设计师们反复琢磨研究出来的。公司VI手册一般都会规定几种企业标准色。大家在配色时，可以参考公司LOGO或VI手册中的色彩搭配，以便做到和谐统一。

知识加油站：乱搭配色实在太辣眼

左图是关于环保主题的PPT模板。通常环保主题应选用绿色为主导色。可是左边的配色却以红色为主导色，红色块配上绿色植物图片，这种配色关系实在太辣眼！不忍直视！

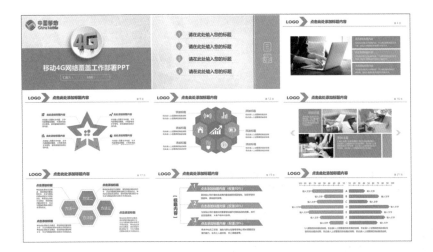

　　以上是网友为中国移动公司做的PPT模板。可以看出该模板的配色是与LOGO配色一致。模板以蓝色为主导色，绿色为点缀色，白色为辅助色，这三种色彩的相互搭配使整个页面干净、简洁、上档次。

2. 根据行业特色搭配色彩

　　各行各业都有着特定的色彩属性，例如金融行业往往会以金黄色或红色为代表；电子科技行业以蓝色或黑色为代表；而医药行业则通常以绿色、橙色或蓝色为代表等等。因此，在进行配色时，还需要考虑该行业的专属颜色。

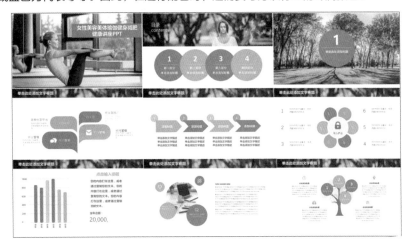

以上是关于健康讲座的PPT模板，说起健康养生或健身这类题材，大家马上就会联想到自然、绿色这几个字眼。因此该模板则以绿色为主导色，黄色为点缀色，白色为辅助色进行搭配，给人清新、健康、轻松自在的感觉。

3. 安全配色小公式

说了这么多，如果你还是摸不着头脑，那小德子只能献上自用必杀技——安全配色小公式！

A. 单一色+白色：

白色被称为百搭色，它搭配任意一种颜色都可以让整个页面立刻清爽、干净起来。但需要注意明度的差异，和白色搭配的颜色不能太亮，否则会缺乏对比感，从而影响整体效果。

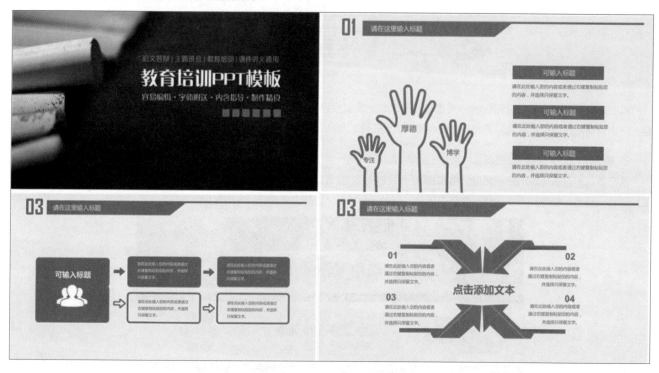

B. 同色系明暗处理：

对于色彩搭配还不够自信的朋友，可以试着使用同一种色相，不同深浅的颜色进行搭配。这种配色方法是最简单，也是最安全的方法。

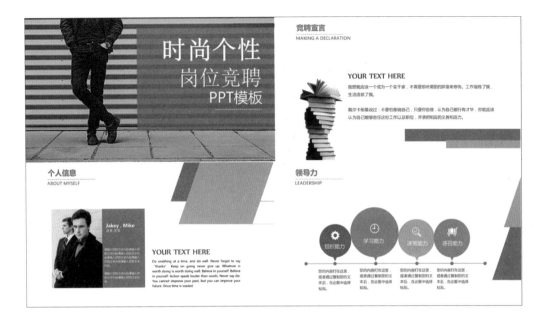

C. 只用单一背景色

有时使用单一的背景色要比那些花俏的背景色要出彩的多。选择好一种颜色作为背景色，然后再加上几个或一组关键性的文字，其效果不同凡响。

D. 黑白灰+1种艳色

- **黑+灰+中黄**：严谨、专业又显示出极强的力量感；
- **灰+白+深红**：醒目、独特。其中灰色可使整个画面冲突感降低；

- **黑（白）+灰+湖蓝（洋红）**：潮流时尚。其中灰色使整个画面变得稳重；
- **白+灰+橙（黄）**：时尚又不乏大气，动感而又专业。

03 取色，颜色复制神器

经过以上内容的学习，也许会有人问："如何能够将网上那些漂亮的配色准确应用到PPT中呢？"答案很简单，PPT软件中有个"取色器"功能，它能够吸取任意颜色，并能够将该颜色快速填充至PPT里的文本框、背景色以及文字等所需位置。

Step 01 打开素材文件，选中想要填充的形状。在"绘图工具–格式"选项卡中，单击"形状填充"按钮，在打开的颜色列表中，选中"取色器"选项。

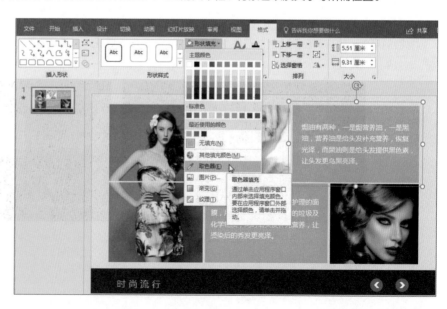

Step 02 此时光标已变成吸管图标，将它移动到想要取色的色块上，在吸管右侧会显示该色块的色值。

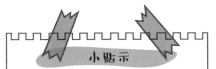

Step 03 确认无误，单击该色块即可完成取色操作。被选中的形状已填充完毕。

知识加油站：通过RGB值设置颜色

学过平面设计的朋友都知道，每种颜色都有它自己的色值，如果需精确的填充某一色块，就需通过输入该色块的色值参数来完成。在电脑系统中，R、G、B分别代表着红色、绿色和蓝色。这3种颜色的值均用0~255的整数来表示。例如纯红色的色值为（255,0,0）；纯绿色的色值为（0,255,0）；而纯蓝色的色值为（0,0,255）。大家只要在"颜色"对话框的"颜色模式"选项组下设置这些色值参数即可。默认情况下"颜色模式"为"RGB"。

SECTION 03 别让你的版式太LOW！

谈到PPT版式设计，不少朋友会说"PPT还需要版式设计吗？在默认的版式中直接输入内容不就得了！干嘛还费劲再去设计版式？"那么小德子就想说一句："想做好你的PPT吗？既然都开始做了，为何不用心做好它呢？"

01 为什么需要设计版式

- 当你的PPT满屏都是文字时，需要进行版式设计。因为谁也不愿意在一堆文字中找要点；
- 当你的PPT内容过于平淡时，需要进行版式设计。因为版式的变化会刺激到听众的视觉神经，从而能使听众保持清醒头脑；
- 当需要听众留意PPT重点信息时，需要进行版式设计。因为版式会让重点内容更醒目。

经过排版设计后，页面效果立马就会变的高大上！所以想让你的PPT更能打动人，就不要小看版式设计。

对于没有学过平面构成的朋友来说，版式设计确实是个头疼的事。其实PPT的版式没有那么麻烦，只要注意以下几点设计原则，就能轻松做出漂亮的版式来。

1. 风格统一

版式风格统一，秩序井然的PPT会让人看得明白，看得省心。需要注意的是，这里所说的版式统一并不意味着单调的重复。每张页面所要表达的内容不同，其版式肯定也会有所不同。例如目录页与内容页就应该区分；过渡页就应该和目录页区分等。万变不离其宗，只要每个页面中都有相同的设计元素（色块、形状图案），排版方式再变，它们还是和谐统一的。

2. 合理分配空间

默认情况下，PPT的主题内容会居中显示，使整个视觉中心集中在版面正中，这样会显得很呆板。如果适当将视觉中心挪挪位置，让它偏左或偏右，最好放在黄金分割线上。这样的视觉效果都要比集中在版面正中要好的多。需要注意的是，一旦把握不好偏移的分寸，就会给人头重脚轻的感觉，失去了版面的平衡。

3. 学会留白

有人喜欢用许多设计元素将PPT页面塞得满满的，以为这样就会出效果。其实不然，我们可以换一个角度想，作为观众，看到这样的PPT，心里会是什么感受？是不是快要窒息了！所以学会留有余地，才会更让人接受。

02 关键页面需设计

PPT中的封面页、过渡页以及结束页的版式是需要花点心思去设计的。这些关键页面起着承上启下的作用。可以这么说，关键页设计的好与坏，会直接影响整个PPT的效果。

1. 封面页

封面页的设计无外乎就是标题+背景。我们最常用的版式就是在背景图中，添加矩形，然后在矩形中输入标题内容。这类版式会让标题内容更醒目，更具有可读性。但需要注意的是，该版式一定要设置好页面划分比例，否则会很难看。

另一种版式我们可称它为"一分为二"。将页面一份为二，一半是图片，一半是标题。分割线不一定是水平的，可以是弧线或是斜线。这类版式看上去比较动感和个性。

还有一种封面版式是属于另类型。这类版式建议那些非设计专业的朋友就不要参合了。这类版式打破常规设计，突显个性，让人眼前一亮。

2. 目录页

目录页是通过明确的目录提纲来展示PPT内容的。常用的目录页版式比较简单，无外乎就是序号+目录内容。没有花哨的装饰，有时通过大色块的添加，就能让人非常舒服。

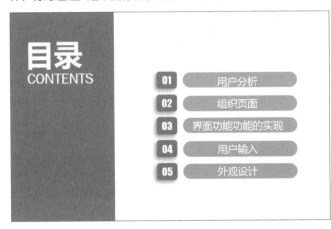
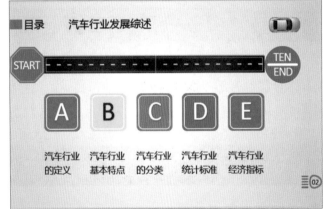

3. 过渡页

过渡页可以让我们快速了解到当前PPT的解说进度。如果说PPT内容少于10页的话，就没有必要添加过渡页。常用的过渡页上只有背景+章标题内容，它能够明确的指出以下该说的内容。该页面信息量比较少，可让人适当缓解一下心情。

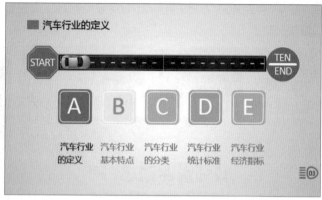

颜色突显目录。在该类型页面中，通常会用一种醒目的颜色标识出目录内容，好让我们知道下面该说什么。

4. 结尾页

结尾页版式的设计与封面只要相呼应即可，不需要过多的设计。在结尾页中可以对某团队或领导表示感谢，或是对未来合作表达期望。

⓪③ 母版制作帮大忙

母版=版式吗？这两者到底是什么关系？相信大多数初学者都会提出这类问题。别说PPT初学者了，就连有点PPT功底的人也会混淆不清。母版是PPT背景样式的大体框架，所有内容都在这个框架的基础上展示。而版式则是PPT内容排版的结构框架。

1. 母版 ≠ 版式

打开PPT，在功能区中单击"视图"选项卡，然后在"母版视图"选项组中单击"幻灯片母版"按钮，打开母版视图界面。

在该界面左侧预览窗口中，可以看到母版页面和版式页面两种模式。预览窗口中的第一页幻灯片为母版页，其它均为版式页。选中母版，并添加背景样式后，就会发现该背景会被用于所有版式页面中。

在版式页面中，选择任意页面进行操作，此时所做的操作仅仅用于当前页面，其他页面不会受任何影响。还有，在版式页面中是无法对母版样式进行修改的。

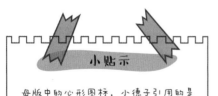

小贴示

母版中的心形图标，小德子引用的是本书后面《手绘让PPT模板更精彩》这个环节中的内容。在该环节中，罗列了一系列手绘小图标。这些小图标都是我们一个个画出来的噢！大家在工作之余，完全可以动手画一画。

由此可以看出，母版和版式的关系就是母与子的关系。这两种模式决定着整个PPT页面排版的方式。在"幻灯片母版"选项卡中，单击"关闭母版视图"按钮，就会返回到默认幻灯片视图。此时当前幻灯片的版式就无法更改了。在"开始"选项卡的"幻灯片"选项组中，单击"版式"下拉按钮，在打开的下拉列表中，可以根据内容需要选择其他的版式效果。

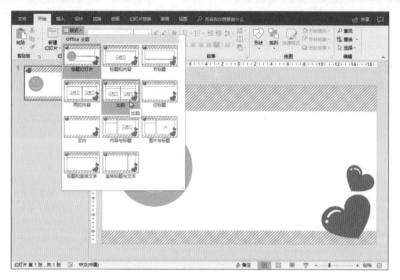

从逻辑上说，母版、版式、页面这三者之间是逐层限制的关系，也就是说普通幻灯片页面排版受到版式的影响，而版式的排版又受到母版的影响。

2. 编辑母版

在幻灯片母版视图中，一旦确定好母版样式后，其版式样式就不可以修改了吗？NO！完全可以。我们只需在"背景"选项组中，勾选"隐藏背景图形"复选框就可以了。下面小德子将以制作封面幻灯片版式为例，来介绍具体的操作方法。

知识加油站：模板和母版的区别

很多朋友模板和母版傻傻分不清楚。其实模板和母版的区别还是挺大的。模板包含母版，母版只是模板的一部分。可以说模板是一个专门的页面格式，打开模板后，它会告诉你哪该填什么，并可以对元素进行修改。而母版是一个系列的，比如背景底色、页眉页脚、设计元素等，这些元素都应用到每一张幻灯片上，从而起到统一风格的作用。一旦母版设定完成后，就不可以进行修改了，除非进入母版设置界面才可。

Step 01 打开原始文件。切换到"幻灯片母版"视图界面。在界面左侧预览窗口中，选择"标题幻灯片"版式页面。

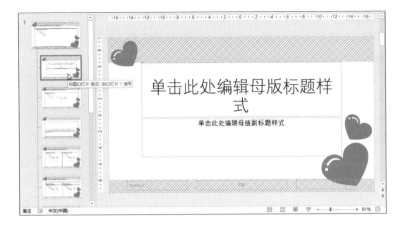

Step 02 在"背景"选项组中，勾选"隐藏背景图形"复选框。此时当前页面中的背景已隐藏。

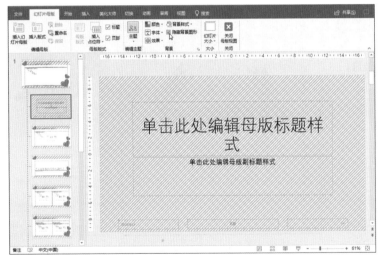

 知识加油站：选择"标题幻灯片"版式页面的理由

一般情况下，在母版中想要设计封面幻灯片的版式，通常都会选用"标题幻灯片"版式页来设计。对该版式页进行设计后，当返回到幻灯片页面时，系统会自动显示该版面设计效果。而其他版式页则需要利用"插入幻灯片版式"命令手动操作才可。

Step 03 为了方便对封面页版式的设计，现需要删除默认的标题框及页脚框。我们可以直接选中将其删除；也可以在"母版版式"选项组中，取消勾选"标题"和"页脚"复选框进行删除。然后在"插入"选项卡中的"形状"下拉列表中，选择"矩形"形状，绘制矩形，并将其旋转，最后为其添加阴影。

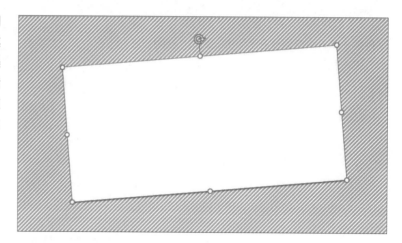

Step 04 在"插入"选项卡中，单击"图片"按钮，将心形、铅笔、表情图片素材插入到页面合适位置。

小贴示

为了页面整体美观度，插入的图片需要重新调整大小，尽量不要同样大，否则会显得呆板。必要时使用"旋转"命令，对图片进行旋转，会呈现出不一样的效果。

知识加油站：网上下载的PPT模板为什么不能修改

我们经常会在网上下载各种各样的PPT模板，而很多时候这些模板不能够完全符合自己的需求，那就需要对它进行修改。有的模板可以直接修改其版式，而有的就不能被修改，这些模板大多数都是使用母版制作的。所以只有进入母版界面才可。具体的修改方法大家可以参考正文中介绍的步骤去操作。

Step 05 在"形状"列表中，选择"直线"形状，绘制线条，并调整好其位置。这里需提醒一点，绘制的线条最好随性一点，不要太过于板正。毕竟该页面风格为简笔画风格。太中规中矩会显得十分突兀，不和谐。

Step 06 单击"关闭母版视图"按钮，完成封面幻灯片版式的制作。根据需要设置标题占位符中的字体格式及位置。

小贴示

在设计标题字体格式时，除了正文选择的一些可爱广告字体外，还可以选择一些手写风格的字体，例如方正瘦金书简体、方正古隶简体、汉仪细行楷简等。

知识加油站：复制幻灯片版式

很多时候看到别人PPT中有漂亮的版式，想将其运用到自己的PPT中，这时我们常用的方法就是Ctrl+C和Ctrl+V组合键来操作，可是结果会变成内容倒是复制过来了，而版式却没有，这时我们就需要使用"选择性粘贴"选项才行。首先按Ctrl+C组合键复制，然后在自己的PPT中右击，选择"粘贴时保留源格式"选项即可。此时当前复制的页面版式，其他未复制的页面版式一起都粘贴过来了。

QUESTION

学习心得

这一课我们学习了PPT模板的使用方法、PPT配色的基本知识以及版式的设计。通过学习，相信你能够做一份简单的PPT模板了吧。大家可以自己动动手做做看哦！同时欢迎大家到“德胜书坊”微信公号以及相关QQ群中分享你的心得，让我们给那些想要学好PPT的小伙们一些思路和启发吧！

模板只是帮助我们快速工作，不要将时间都花在模板的修改和创建上，没有模板，我们也可以做好PPT！

Chapter

03

PPT文字设计小秘密

情况是在不断地变化，
要使自己的思想适应新的情况，
就得学习。

——毛泽东

你不知道的文字设置技巧

在制作PPT时，大家往往会花大把的时间在版式的美化上，而忽视文字的重要性。不要忘了，字体设计也是版式美化的元素之一。

⓪1 选择字体有讲究

打开PPT后，我们往往会使用系统默认的字体输入文字内容。最多给它做个加粗或倾斜什么的进行强调就完事了。这样做出来的PPT就会永远沉没于PPT的海洋中。其实只要对文字稍加变动，其效果就完全不一样了。

1. 衬线字体与无衬线字体

衬线字体的概念来自于西方。Serif，意思就是在字的笔画开始和结束的地方有额外的装饰，例如笔画粗细不一。最具有代表性的衬线字体为"宋体"。衬线字体比较容易识别，易读性很高，一般用于正文字体。但它有个致命性的缺点，就是在远处观看时，由于字体结构有粗细变化，所以容易看不清，并且字体选择相对少。

无衬线字体（Sans serif）就是没有那些额外的装饰，并且笔画粗细几乎相同。最具有代表性的无衬线字体为"黑体"。无衬线字体常常被用于PPT封面页的标题。该字体比较醒目，赋有冲击力。随着流行趋势的变化，大家会越来越喜欢使用该类字体，因为它们显得更简洁大方。

2. 不同类型使用不同的字体

不同的字体给人感觉是不一样的。粗壮类型的字体给人以力量、稳重感；纤细苗条型的字体给人以柔美、秀丽感。

- **普通字体**：PPT中带有的字体都归属于普通字体。例如微软雅黑Light、方正兰亭细黑（超细黑）、造字工房等。目前大多数的PPT都爱使用这类字体。

图片出自于"雅客先生"微信推文

- **书法字体**：经常能够看到不同类型的书法字体，例如叶根友系列字体、方正汉简简体、日本青柳衡山毛笔字体、段宁毛笔行书等。这类字体比较适合于中国风的PPT。
- **POP字体**：众所周知POP字体是海报、广告、动漫常用字体。如果你的PPT偏向于这方面，就可以放心的使用。该字体包括华康POP1（POP2、POP3）体、华康勘亭流体等。
- **卡通字体**：显而易见，卡通字体经常用于萌宠、儿童教育或与儿童相关的主题PPT中。这类字体风格比较萌。例如造字工房丁丁体、华康娃娃体、汉仪黑荔枝简体、汉仪乐瞄体等。

3. 英文字体的选用

要制作外文PPT该选用什么样的英文字体好呢？其实英文字体也可分为几大种类。分别为无衬线粗体、无衬线细体、衬线传统体、手写体以及哥特体这5种类型。

- **无衬线粗体**：用于商业、工业、科技教育领域。其中Roboto系列、Arial系列、Impact系列等都属于该字体类型；
- **无衬线细体**：用于时尚感较强的领域。其中Roboto Light和Segoe UI Light等属于该字体类型；
- **衬线传统体**：由于该字体看上去非常精致优雅，所以常常用于女性产品领域。其中Garamond、Bembo、Tranjan以及Times New Roman等都属于该字体类型；
- **手写体**：用于节日、女性以及文艺范领域。其中Edwardian ScriptITC、Palace Script MT等都属于该字体类型；
- **哥特体**：该字体属于复古风格的字体，如果当前PPT主题与欧美中世纪内容相关，可使用该字体。其中Old English Text MT、Sketch Gothic School等都属于该字体类型。

02 新字体的安装

PPT所调用的字体都是电脑系统自带的字体。而一些比较另类的字体是需要事先进行安装才可以调用的。那么怎样才能安装新字体呢？下面小德子就来帮助大家解决这个问题。

字体的安装方法有三种：使用复制和粘贴功能安装字体、使用"安装"功能安装字体以及使用快捷方式安装字体。在准备安装前，需要先下载字体安装包。目前网络

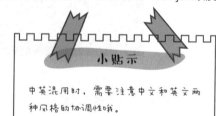

小贴示

中英混用时，需要注意中文和英文两种风格的协调性哦。

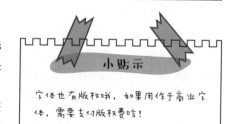

小贴示

字体也有版权哦，如果用作于商业字体，需要支付版权费哈！

上有很多知名的字体网站，例如字体下载之家、找字网、ChinaZ.com等。

1. 复制和粘贴字体

全选需要安装的字体，按Ctrl+C组合键进行复制操作，然后根据路径（C:\Windows\）找到"Fonts"文件夹，打开该文件夹，按Ctrl+V组合键，将复制的字体进行粘贴即可。

2. "安装"字体

右击要安装的字体文件，在打开的快捷菜单中，选择"安装"选项即可安装。还可以双击要安装的字体文件，在打开的字体对话框中，单击"安装"按钮即可。

3. 使用快捷方式安装字体

在需要安装大批量的字体时，会占用大量的系统盘空间，从而影响软件的运行速度。此时我们可以使用快捷方式来安装字体。这样操作，字体就会被安装在其他磁盘中并可随时调用。

首先先根据路径（C:\Windows\Fonts），打开"Fonts"文件夹。单击左侧"字体设置"选项按钮，然后在打开的"字体设置"界面中，勾选"允许使用快捷方式安装字体（高级）"复选框，单击"确定"按钮，关闭该界面。最后打开要安装的字体文件夹，全选字体，单击鼠标右键，在快捷菜单中，选择"作为快捷方式安装"选项即可。

03 字体丢了，怎么办?

"为什么我的PPT发送到别人那就面目全非了?"回答:那因为对方电脑中没有安装相应的字体所造成的。想要解决这一问题,可用两种方法:一种是让对方也安装相同的字体;另一种则是在保存你的PPT时,一并将字体嵌入PPT文件中。

很明显,第一种方法还得麻烦别人动手,如果对方是要好同事,那无所谓;如果对方是领导,那就等着挨批吧!所以为了保险起见,还是用第二种方法好了。

Step 01 打开所需的PPT文件,单击"文件"选项卡。在文件菜单中,选择"选项"。在"PowerPoint选项"对话框左侧选择"保存"选项。

小贴示

利用"嵌入字体"命令,在进行文件保存时,很可能会出现当前使用的字体无法嵌入的情况。这是说明你所嵌入的字体有版权保护。这时必须更换其他字体。目前来说谷歌开发的"思源黑体"系列字体可免费商用。

Step 02 在右侧保存界面的"共享此演示文稿时保持保真度"选项组下，勾选"将字体嵌入文件"复选框。然后根据自己的需要，可以选择字体的嵌入模式。选择完成后，单击"确定"按钮即可。

对了，还有一招就是将字体以图片的形式进行保存。因为前面小德子曾提到过，字体是有版权的，为了保护版权，限制将字体捆绑、嵌入使用，所以在进行字体嵌入时，时常会发生无法保存的现象。这时可以选中该字体，按Ctrl+X组合键进行剪切，然后再单击鼠标右键，在快捷菜单中，选择"粘贴选项"下的"图片"选项，将它以图片的形式显示即可。

04 占位神器—占位符

PPT中有很多类型的占位符，文本型、图表型、图片型、表格型、视频型等等。这里我们就简单的介绍一下文本占位符的使用。那什么是占位符呢？占位符有什么作用呢？怎么使用占位符呢？这些问题小德子会一一解答。

1. 什么是占位符

在PPT中常会看到"单击此处添加标题"或者"单击此处添加副标题"等这类文本框，单击该文本框中的文字时，源文字没有了，只显示光标所在处。

这就是占位符。在幻灯片视图中，我们可以在占位符中输入任何文字内容，但无法对其大小和字体格式进行设置，而只有进入母版视图才可。所以占位符是母版版式的一部分，说白了，它就是用来占位用的，一旦在母版视图中设定好大小及格式后，就无法再改变了。

2. 占位符的设置与应用

在上一章节中，提到过母版操作，其中已经涉及到一些占位符的应用知识。下面小德子将详细的对占位符功能进行讲解。

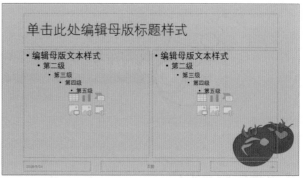

前面两张图是占位符原本的面貌。在"视图"选项卡中，单击"幻灯片母版"按钮，进入母版视图即可看到。在这里我们可以根据版式内容的不同，调整标题、内容等其它占位符的大小。选中占位符，并将光标移至方框任意控制点上，按住鼠标左键不放，拖动控制点至满意位置，放开鼠标即可调整占位符的大小。

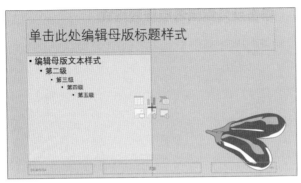 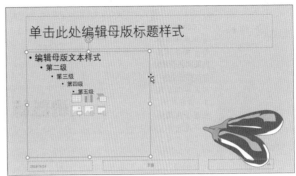

在"幻灯片母版"选项卡中，单击"插入占位符"下三角按钮，在下拉列表中，选择占位符类型，这里选择"文字（竖排）"选项，然后在页面版式中按住鼠标左键不放，拖动光标至满意位置，放开鼠标即可插入该占位符。

 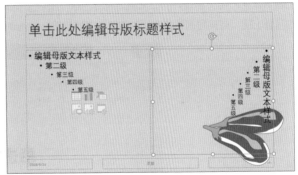

选中文本占位符，在"开始"选项卡中，单击"字体"下拉按钮，选择所需要的字体，即可更改当前占位符中的字体样式。

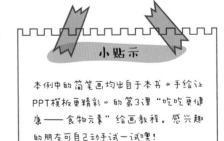

小贴示

本例中的简笔画均出自于本书《手绘让PPT模板更精彩》的第3课"吃吃更健康——食物元素"绘画教程。感兴趣的朋友可自己动手试一试噢！

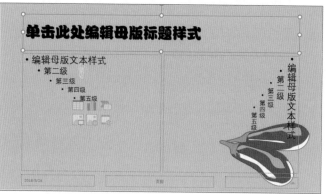

上一步操作，我们只能更改当前版式中的标题或内容文本格式，如果想要迅速统一其他版式中的字体格式的话，应该怎么做？简单，只要利用主题字体就可以了啊！在"幻灯片母版"选项卡中，单击"字体"下拉按钮，在打开的字体列表中，选择一款满意的主题字样式即可。设置好后，无论你选择任意一张版式页面，其字体格式都是一样的。这样操作可以有效避免PPT中字体不统一的问题出现。如果想删除多余的占位符，直接使用Delete键删除即可。

💡 **知识加油站：自定义主题字体**

在主题字体列表中，如果没有满意的字体样式，我们可以自定义字体。在字体列表中，选择"自定义字体"选项，在"新建主题字体"对话框中，可自行对"标题字体"和"正文字体"进行设置。

05 文字排列我做主

在PPT中，默认文字排列方式为横向排列，这是为了符合人们的阅读习惯，从左到右，从上倒下。但这样的排列方式容易让人感觉疲倦。所以适当换个排列方式，兴许会让人眼前一亮哦。下面小德子将介绍3种PPT常用的文字排列方式。

1. 垂直排列

说到垂直排列文字，我们就会联想到传统古诗词的阅读方式：从右到左。所以该排列方式比较适合用于古典诗词鉴赏或传统节日等领域。

Step 01 打开原始文件。在"插入"选项卡中，单击"文本框"下拉按钮，选择"竖排文本框"选项。

Step 02 在页面左侧空白处，按住鼠标左键不放，拖拽鼠标至满意位置，放开鼠标即可。

Step 03 在文本框中输入文本内容。然后设置好其字体与字号，这里将字体设为"方正行楷简体"，字号为"36"。

小贴示

竖排文字添加完毕后，我们可对文字的方向进行调整。例如将文字旋转90度、270度或实现文字堆积效果。这些设置可在"开始"选项卡中的"文字方向"下拉列表中进行。

Step 04 选中该文本框，并同时按住Ctrl键，将该文本框进行复制。然后更改文本内容。

知识加油站：设置竖排文字间的行距

在一个竖排文本框中输入多行文字时，很有可能其间距不太合适。加空行间距太大，而取消空间距又太小，很难把控好这距离。小德子在这里教大家一招，只需选中竖排文本框，然后在"开始"选项卡中单击"行距"下拉按钮，在其列表中选择合适的行距参数即可。就这么简单！

Step 05 按照同样的操作，完成文本内容的输入操作。适当调整文本前后、上下的间隔距离，好让文本错落有致，不至于太死板。

Step 06 在"插入"选项卡中，单击"形状"按钮，选中"直线"选项，在文本右侧添加垂直线。至此，一张古色古香的幻灯片制作完毕。

小贴示

添加的直线太黑，太突兀。我们就需修改它的颜色，选中直线，在"格式"选项卡中单击"形状轮廓"按钮，选中满意的灰色即可。

2. 错位排列

错位排列文字的方法比较另类，大家应该知道视频弹幕吧，就是那种风格。通过字体的大小、颜色的变化来突出PPT主题内容。这种排列风格很招年轻人追捧。

Step 01 打开原始文件。插入一个横排文本框，并输入文本内容。然后将字体设为"方正胖娃简体"，字号设为"40"，字体颜色为"白色"。将文本调整至一行。

Step 02 选中文本框中的"熊孩子"字样，将颜色设为"黄色"，字号设为"54"。

小贴示

适当的时候对关键字进行放大、上色或者添加底纹，会有意想不到的排版效果。对于观众来说，这种处理方式的可读性很高，让人马上就能抓住文章重点。

Step 03 选中该文本框，在"格式"选项卡中，单击"形状填充"下拉按钮，选择一款满意的颜色，这里选择"蓝灰"色。使用文本框输入剩余文本内容，然后分别设置好其字体颜色、大小。

Step 04 选中下面的文本框，将其移动到合适的位置，错开摆放。完成最终效果。

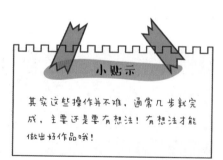

3. 倾斜排列

将文字倾斜排列也是一个不错的排版方式。斜排文字打破了传统的排列方式，有较强的冲击力。但需要注意的是：斜排文字，其文字不能太多，突出几个重点的文字即可。

知识加油站：F4快捷键的用法

F4快捷键无论是在PPT、Word还是Excel中都非常好用。它的作用类似于复制粘贴，但它比复制粘贴还要强大。F4具有重复上一步操作和充当格式刷的作用。大家可以动手试一试，输入文本并设置好其格式后，按下F4键，看看会产生什么样的结果！

不用PS，也能做出好效果

要在PPT中添加一些夸张的艺术字的话，通常我们都会使用PS软件来制作。你知道不？其实PPT也能够帮你轻松完成艺术字的设计哦！不信，就请大家往下看！

01 实现粉笔字效果

下面小德子将为大家演示一下粉笔字的制作效果。学会了可以把它当作背景元素，运用在PPT中哦！

Step 01 新建空白幻灯片。小德子为了页面美观，在幻灯片中添加了一张背景图片。大家可以自行添加其他的背景图片哦！

Step 02 打开"插入"选项卡，单击"形状"下拉按钮，选择"矩形"选项。按住鼠标左键不放，拖动鼠标至合适位置，放开鼠标完成矩形的绘制，其大小适中即可。

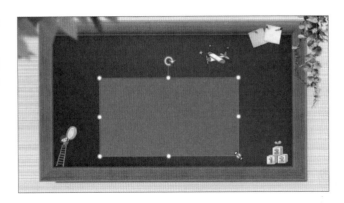

Step 03 选中矩形，在"格式"选项卡中，单击"形状填充"按钮，选择"黑色"选项，然后单击"形状轮廓"按钮，选择"无轮廓"选项。

小贴示

添加形状后，我们只能对形状的颜色、外框以及形状效果进行设置，而无法调整形状的饱和度、明度以及色调等。除非将其转换为图片。

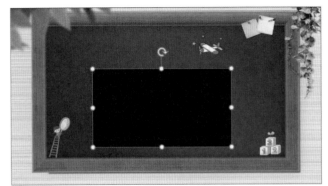

Step 04 选中矩形，按Ctrl+X组合键进行剪切，然后再单击鼠标右键，在快捷菜单中，选择粘贴为图片。

Step 05 右击矩形图片，在快捷菜单中，选择"设置图片格式"选项。在"设置图片格式"窗格中，单击"艺术效果"三角按钮，选择"线条图"效果。将"透明度"设为".00%"，将"铅笔大小"设为"57"。

Step 06 在该窗格中，单击"图片🖾"按钮，在打开的选项列表中，单击"图片颜色"三角按钮，将"饱和度"设为".00%"，然后单击"图片校正"三角按钮，将"对比度"设为"100"，将"亮度"设为"60%"。

Step 07 选中矩形图片，在"格式"选项卡中，单击"颜色"按钮，在下拉列表中，选中"设置透明色"选项，然后单击图片中黑色部分。

知识加油站：粉笔字的另类做法

输入所需文本，将文本填充为"新闻纸"纹理，然后按Ctrl+C复制，按Ctrl+Alt+V组合键，打开"选择性粘贴"对话框，选择"图片（PNG）"选项，粘贴文本。最后将该文本艺术效果设为"蜡笔平滑"效果即可。不过该方法制作的效果没有正文中介绍的方法好。

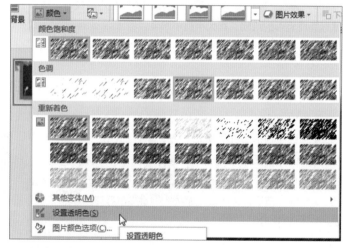

Step 08 此时矩形图片将变得透明了。单击"文本框"按钮，插入文本框，并输入文字内容，这里输入"家长会"字样。然后将字号设为"120"，字体设为"方正粗倩简体"。

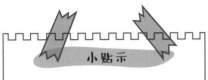

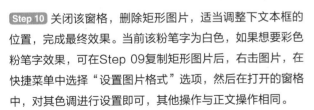

小贴示

在使用"设置透明色"功能选择黑色部分时，是想将黑色设为透明色，如果在选择时选错颜色，其效果是不一样的。

Step 09 选中矩形图片，按Ctrl+C复制图片。然后右击文本框，在快捷菜单中，选中"设置形状格式"选项。在打开的窗格中，单击"文本选项"按钮，并在"文本填充"选项组中，单击"图片或纹理填充"单选按钮，最后单击"剪贴板"按钮。

Step 10 关闭该窗格，删除矩形图片，适当调整下文本框的位置，完成最终效果。当前该粉笔字为白色，如果想要彩色粉笔字效果，可在Step 09复制矩形图片后，右击图片，在快捷菜单中选择"设置图片格式"选项，然后在打开的窗格中，对其色调进行设置即可，其他操作与正文操作相同。

⓪2 制作艺术创意字

下面将以"德胜书坊"这几个字，制作一个拼贴字造型。

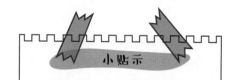

Step 01 新建空白幻灯片。在"插入"选项卡中，单击"文本框"选项，在下拉列表中选择"绘制横排文本框"选项，先输入一个"德"字，然后设置好字体和字号。这里将字体设为"方正超粗黑简体"，字号为"150"，颜色为深蓝色。

Step 02 在"插入"选项卡中，单击"形状"按钮，选择"矩形"，在"德"字右下角绘制矩形，大小适中即可。

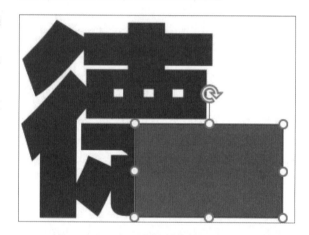

Step 03 先选中"德"字，再按Ctrl键选中矩形，在"格式"选项卡中，单击"合并形状"下拉按钮，选择"剪除"选项。

知识加油站：只有矢量文字才可实现变形效果

一般情况下，输入文本后，只能对文本的大小、颜色等格式进行设置，如果想要制作变形字，就必须要把文本转换为矢量文字。只有矢量文字，才能够通过"编辑形状"中的"编辑顶点"命令进行设置。

Step 04 此时被遮盖住的部分已被剪除。再绘制一个矩形，其大小适中即可。将矩形底纹颜色设为金色（RGB：255，192,0），无轮廓。

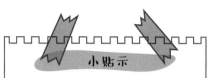

小贴示

PPT中的参考线是一个很好的工具，在对页面元素进行对齐摆放时，系统会自动显示对齐的参考线。我们只需按照它设定的参考范围放置即可。

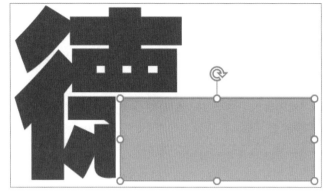

Step 05 右击矩形，在快捷菜单中，选择"编辑文字"选项，在矩形中添加"胜书坊"文字内容。将文字的字体设为"方正超粗黑简体"，字号设为"48"，字体颜色为"白色"。

Step 06 添加横排文本框，并输入"DS"字样。将字体同样设为"方正超粗黑简体"，字号为"46"，颜色为"深蓝"，随后放置在合适位置。

Step 07 全选所有图形，在"格式"选项卡中，单击"组合"下拉按钮，选择"组合"选项，组合所有图形。好了，一切制作完毕！

03 断片文字的制作

想要实现断片文字效果，大家想想该怎么做？肯定有人直接打开PS软件，呼哧呼哧的做起来。拜托！不就是做断片文字效果嘛，使用PPT中的"合并形状"功能就可以搞定了，何必还要请出PS呢！废话不多说，直接上步骤！

Step 01 新建空白幻灯片，使用文本框输入文字，这里我们输入"电闪雷鸣"字样，并设置好它的字体、字号及颜色。

Step 02 在"插入"选项卡的"形状"列表中，选择"闪电形"选项。在文字上方合适位置绘制闪电形状，并调整好其位置与大小。

Step 03 右击选择闪电形状，在打开的快捷菜单中，选择"编辑顶点"选项。选中要编辑的顶点，拖动顶点至满意位置，放开鼠标即可移动该顶点位置。移动其他顶点。直到遮盖住"电闪"二字。

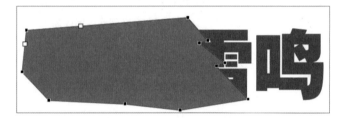

Step 04 选中文字和图形，进行复制粘贴操作。然后选中刚复制出来的文字和图形。在"格式"选项卡中，单击"合并形状"按钮，选择"剪除"选项。

Step 05 按照同样的操作，选择原始文字和图形，在"合并形状"列表中，选择"相交"选项。将文字进行合并操作。

Step 06 调整两个合并文字的位置。这里需要注意的是，两个合并文字之间的距离不能太远，也不能太近，太远会感觉不是一个整体，太近会感觉没有效果，其位置适中则好。这就考验大家的审美啦！

Step 07 我们可以再添加两个闪电形状，放置在字体两边合适位置，对该字体进行适当装饰。

04 描边文字轻松做

使用PPT也能实现很多可爱描边文字的效果噢！下面小德子将以"糖果屋"为例，来介绍具体的操作方法。

Step 01 打开原始文件。插入艺术字，并输入"糖果屋"文本内容，将字体设为"方正卡通简体"（这里大家可以设置其他卡通字体），字号为"115"。单击"文本轮廓"下拉按钮，在下拉列表中，选择"无轮廓"选项。单击"文字效果"下拉按钮，在下拉列表中，选择"阴影"选项，并在其级联菜单中，选择"下"阴影模式。

Step 02 复制该文字。然后选中复制后的艺术字，单击"文本填充"下拉按钮，将文本填充为棕色（RGB：179,122,94）。将文本轮廓颜色设为同样的棕色，轮廓粗细为"6磅"。

Step 03 将复制后的艺术字字号设为"120"，右击艺术字，在快捷菜单中选择"置于底层"选项。将两个艺术字叠加到一起，并调整好其位置。

小贴示

将两个艺术字合并到一起后，也许刚设置的字号不合适，这时可以通过放大或缩小文本框来微调艺术字的大小，无需在反复调整字号参数。

Step 04 我们可以在字体附近添加一些装饰图形。有LOGO的可以放LOGO，由于当前页面内容偏向于儿童，所以在选择时，尽量选择可爱的卡通形状。大家可以尽情发挥自己的想象来设计。这里小德子就引用后面简笔画进行装饰。注意适当调整一下前后的叠加次序以及大小。

学习心得

　　这一课我们学习了PPT字体的设计技巧，其中包括如何选择字体、字体设置小诀窍以及一些艺术字的制作。通过学习，大家应该对字体的选择以及应用有所了解了吧。大家可以到"德胜书坊"微信公号以及相关QQ群中分享你的心得，让我们给那些想要学好PPT的小伙们一些思路和启发吧！

再次提醒：字体也是有版权的哦！只要不涉及到商用，就没有问题，否则需要支付版权费哦！请尊重原创者的劳动成果！

不可或缺的图形&图像

旧书不厌百回读，
熟读精思子自知。

——苏轼

SECTION

01

CHAPTER 04　不可或缺的图形&图像

让图片替你说话

　　"文不如字，字不如表，而表不如图"这句话一语道破了图片在PPT中的重要性。可以说图片选取的好坏直接影响到你所要表达的内容。

01 图片的格式与类型

　　PPT中支持的图片格式除了常规的JPG、PNG、GIF之外，还可支持WMF、EMF以及SVG。其中，SVG格式是目前最热门的矢量格式了。它具有GIF和JPEG格式无法具备的优势，它可任意放大图形，不会影响图形的质量。SVG文件比JPG和GIF格式文件要小的多。

　　在PPT中经常看到的图片类型包括哪些呢？小德子归纳了以下5种类型。

1. 照片

　　照片在PPT中使用率最高。一张高质量的照片+关键字，就能够很好的表达出你所要讲述的内容。

小贴示

在哪里能找到好的图片呢？小德子在这里给大家罗列一下吧。1.全景网；2.昵图网；3.华盖创意；4.Pixabay；5.PPT达人分享的一些图片和素材等等。而由于排版问题，在这就不一一列举了。

2. 3D人物

　　3D人物在商务领域中使用的比较多，图片中的人物呈3D化，其背景为白色，图片简洁明了，让观众立刻就能了解到作者所要表达的意思。需要注意的是3D人物只适合于商务类PPT，如果用在其他类型的PPT中会显得很不和谐。3D人物只有动作没有表情，观众看多了会觉得很无趣。

3. 2D人物

　　2D人物是用简单的几个形状图形组成的人物形象。在追求扁平化的时代潮流中，2D人物图形还是比较受欢迎的。利用平面化、简洁大方的手法来表现主题内容。轻松活泼，富有创意，能够拉近与观众的距离。但有一点需要注意，2D人物一般是起到画龙点睛之用，不要大范围使用。

4. 简笔画

　　该图片类型整体风格轻松、有趣。由于该图片类型很随性，所以不适合用于严正式的场合。

5. 剪影图

剪影通常只显示人物外形轮廓，弱化了人物表情，从而能够很好的突显PPT内容，起到衬托作用。

对了，还有一种"剪贴画"类型。该类图片可以在"联机图片"中获取。但由于剪贴画风格不好搭配，搭配的不好就容易俗气，所以它已经慢慢的退出PPT舞台了。

⓪② 图片的选取

在选择图片时，经常会犯的错误是看到好看的图片就往PPT上放，不管它画质好不好，与内容符不符合。其实这样做就是在给PPT减分呢！

1. 选择高画质的图片

在日常生活中，当我们看到一些分辨率低的图片就会直接Pass掉，更别说在PPT看到这样的图片了。所以在选择图片时，一定要选择分辨率高的图片才可。

对比以上两张图片，我们更愿意看到的是右上图效果。这么说吧，如果图片用来做背景的话，图片适当的模糊一点是可以的，但如果图片是用来展示的，那还是越清晰越好。

2. 选择符合PPT内容的图片

有些图片很清晰，但与主题没什么关系，总感觉是随便找了一张图来占了个位置而已。像这样的图片还不如不放的好！

以上两张图是一套室内设计方案的PPT封面页，左图从排版上来说没什么大毛病，但是总感觉很别扭。而右图看上去很舒服，显然右图更胜一筹！知道为什么吗？因为既然PPT是室内设计方案类，应当尽量选择与室内相关的图片。而上左图却选择了一张无关的图，所以看上去会让人很尴尬，很别扭。

3. 选择符合PPT风格的图片

除了满足以上两点外，还要注意选择的图片是否符合当前PPT的风格。PPT风格可分为4大类，分别是：严肃沉稳、轻松幽默、诗情画意和另类独特。在选择图片时一定要根据PPT风格来选择。

严肃沉稳风格的PPT，大多以写实图片为主，并对其进行设计加工。这类图片真实感强，细节丰富，光影变化细腻，给人一种沉稳、可信感。

轻松幽默风格的PPT，主要以搞怪的表情或动作图片为主，以增强PPT的趣味性，吸引观众注意力。

一般诗情画意类型的PPT没有明确的主题，这类PPT主要以浪漫、清新或怀旧类图片为主，以渲染主题气氛。

另类独特的PPT，通常都是以不同的视角去观察事物。一般都以创意型很强的图片，或者是以绘制的图案为主，也可以两者结合，让人感觉独树一帜，非同一般。

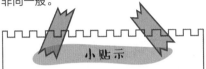

小贴示

我们在选择图片时，记住3点就好：解释、比喻和渲染。其中解释是解释主题内容；比喻是将图片进行比喻或借喻，使其内容更形象化；渲染则是渲染主题气氛，从而打动观众、说服观众。

竞聘述职报告

REPORT POWERPOINT

汇报人：　　　　　汇报时间：

讲了这么多，如果还不会选择，那小德子就教你最后一招："3B"原则。"3B"分别是：美女（Beauty）、婴儿（Baby）和动物（Beast）。这个原则符合于人类选择的天性。例如同时有两张符合要求的图片，一张有美女，一张没有，那就选有美女的吧！不信，你试试！

03 强大的图片处理技术

图片找好后，通常都需对图片做一些必要的处理才可使用。因为网上图片的大小、色调不一定适合你的PPT内容。下面小德子将介绍几种PPT图片处理技巧，供大家参考。

1. 实现放大镜效果

下面将以缩放图片的方式，来实现图片放大效果。

Step 01 打开原始文件。选中图片，同时按住Ctrl键和鼠标左键并拖动鼠标复制图片。在"格式"选项卡中，单击"裁剪"下拉按钮，选择"裁剪为形状"选项，然后在级联菜单中，选择"椭圆"。

Step 02 再次单击"裁剪"下拉按钮，选择"纵横比"选项，并在其级联菜单中，选择"1:1"选项。

小贴示

对图片按照比例进行裁剪，正文中是先将图片裁剪成形状，然后再按照一定的比例进行裁剪，其实这两个步骤顺序倒过来所实现的效果是一样的。

Step 03 在"裁剪"过程中，按住Shift键，拖动任意一个裁剪控制点，调整图片的裁剪范围。与此同时，我们可以通过移动图片来调整裁剪位置。

Step 04 将裁剪后的图形移动到原图满意位置，使用鼠标拖动，适当放大图形。

小贴示

为了让放大镜显得非常逼真，我们可以在放大的图片周围添加几道光晕，这些光晕完全可以利用形状工具进行绘制，然后利用"合并形状"命令，对绘制的图形进行编辑。大家不妨一起动手试试看！

Step 05 单击"格式"选项卡，单击"图片边框"下拉按钮，选择白色边框，并设置边框粗细为"4.5磅"。

Step 06 单击"图片效果"下拉按钮，选择"阴影选项"，在打开的窗格中，设置阴影参数，将"预设"设为"中"；将"模糊"设为"20磅"。

Step 07 选中原图,在"格式"选项卡中,单击"艺术效果"下拉按钮,选择"虚化"选项,然后选择"艺术效果选项",在打开的窗格中,将"半径"设为"22",完成所有操作。为了效果更好,可以再次调整放大镜图片的大小。

2. 实现画中画效果

下面将以调整图片颜色为例,来实现画中画效果。

Step 01 打开原始文件。插入图片,并调整好图片的大小。按Ctrl键配合鼠标拖动将图片复制,然后对其进行裁剪。

Step 02 添加边框。边框颜色为白色，粗细为"6磅"。单击"颜色"按钮，选择"饱和度：0%"选项，将图片设为灰度模式。这里设置的参数值，仅供大家参考，如果有更好的方案可以自行设置。

Step 03 单击"校正"下拉按钮，在下拉列表中，选择"亮度：+20%，对比度：0%"选项，调亮图片，完成操作。

小贴示

重新着色可以让图片呈现一种颜色，这样可以有效地削弱色彩艳丽的图片给我们的视觉冲击，从而突出文字内容。

3. 实现图片合成术

　　说到图片合成，很多人都会想到用PS软件进行操作。其实在PPT中也能够实现图片合成。下面小德子将通过两种方法来向大家介绍具体的操作办法。

A. 使用"背景删除"功能合成

背景删除这项功能早在PPT2010版本就开始有了。利用该功能我们可以快速而精确的删除图片的背景。但需要注意的一点是，图片的背景最好是单颜色，如果背景颜色很复杂，使用该功能的效果就不会很好。

Step 01 打开原始文件，插入眼镜图片，并将其选中。在"格式"选项卡中，单击"删除背景"按钮，调整删除区域。

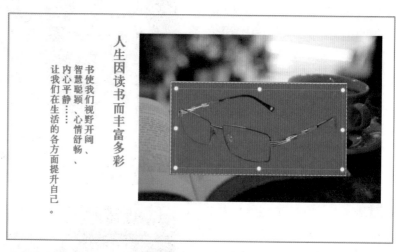

人生因读书而丰富多彩

书使我们视野开阔、智慧聪颖、心情舒畅、内心平静……让我们在生活的各方面提升自己。

Step 02 单击"标记要保留的区域"按钮，标记出眼镜要保留的区域。

知识加油站：PPT中抠图的方法有哪些

PPT中除了使用"删除背景"功能抠图外，还有其他2种常用的抠图方法，分别为"设置透明色"功能和"合并形状"功能。"设置透明色"功能在之前的章节中已简单介绍过。该功能比较适合对颜色单一的图片进行抠图，其抠图效果分辨率不太高。利用"合并形状"功能抠图其操作相对比较简单，能够抠出任意图形，但图片的分辨率也不高，如果图片太大会随时会崩溃。

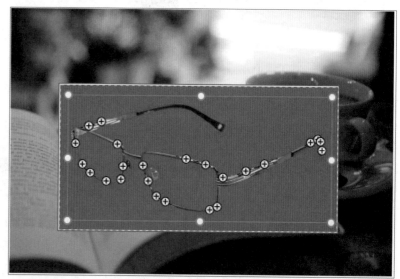

Step 03 单击"保留更改"按钮，完成背景删除操作。在"格式"选项卡中，单击"颜色"下拉按钮，选择"色温：11200K"选项，调整眼镜颜色。适当缩小眼镜图片，并将其放置图片合适位置。

Step 04 单击"图片效果"下拉按钮，选择"阴影"，并在其级联菜单中，选择"阴影选项"。在打开的窗格中，设置阴影参数。（将"预设"设为透视（左上），将"透明度"设为"2"，将"模糊"设为"6"，将"角度"设为"295"，将"距离"设为"44"。）完成最终操作。

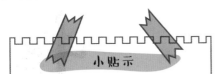

小贴示

利用"背景删除"功能抠出来的效果也许比不上PS这种专业的软件，但是这对于不会使用PS的朋友，已经够用了。

B. 使用"设置透明色"功能合成

"设置透明色"这项功能可以让选中区域的特定颜色变的透明化，让带有背景的图片无缝嵌入到其他图片中，从而实现图片合成的效果。

`Step 01` 打开原始文件，插入"墨迹"图片，并调整好其大小。

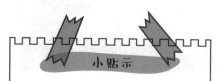

如果插入的"墨迹"为PNG格式，可右击墨迹形状，打开"设置形状格式"窗格，单击"图片或纹理填充"单选按钮，添加所需要的图片。如果插入的图片JPG格式，就只能使用"设置透明色"功能来处理。

`Step 02` 单击"颜色"下拉按钮，选择"设置透明色"选项，单击墨迹图片的黑色部分，将其透明化。之前向大家介绍过，"设置透明色"一般用于抠图。这里正好利用抠图的原理，将墨迹的黑色部分去除，保留墨迹边线。

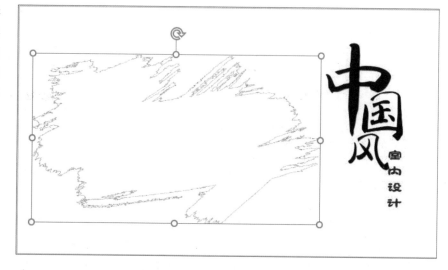

Step 03 右击墨迹图片，在快捷菜单中，选择"设置图片格式"选项，在打开的窗格中，单击"图片或纹理填充"按钮，然后再单击"文件"按钮，插入新图片。调整填充的墨迹图片大小和位置，完成最后效果。

04 不得不说的图片排版术

图片处理好后，我们就需要对图片进行排版。PPT中对图片进行排版还是有一定讲究的。下面小德子就和大家一起研究一下图片排版的诀窍。

1. 大图的排版

选用大图做背景时，首先要注意的就是图片一定要高颜值，高精度。大图背景会让画面丰富，增强视觉冲击力。其次一定要对图片进行处理，例如加深或减淡背景、改变图片的视觉中心，使画面具有延伸感等等，拒绝图片不经过处理就进行排版。最后上文字，既然选择大图排版，那么图片中的文字一定要简明扼要，拒绝文字堆砌现象产生。

2. 多图组合排版

当我们要对多张图进行排版时，可遵循3个排版原则。分别为：平均分布、左右版式以及居中版式。

● **平均分布版式**：如果PPT中的图存在并列关系，可使用平均分布版式进行排版，该版式使页面整体效果整齐归一、整洁和美观。需要注意的一点是：该版式图片大小必须要一致，并且它们的色彩饱和度程度一定要相近才可。

● **左右（右左）版式**：如果PPT中的图片存在主次差别，可使用左右或右左版式。该版式是将主图放大，其他图则放在主图的左边或右边。整体结构主次清晰，层次分明。

● **居中版式**：严格的说居中版式是左右版式的一种表现形式，只不过左右版式是将主图放在页面左侧或右侧，而居中版式则是将主图放在页面中心，其他图则分别放置在左侧和右侧，使得整个页面具有平衡美。

3. 图文混排

我们经常需要对某张图片进行解释说明，如果利用以上的排版方式明显不合适，那该怎么办？其实很简单，PPT中有一项功能叫做"图片版式"，利用这项功能就可以轻松的实现图文混排的操作，而且其排版效果也很不错！

像下图这种排版方式，我们便是通过"图片版式"功能实现的。

下面小德子以"六边形群集"版式，向大家介绍"图片版式"功能的具体用法。

Step 01 打开素材文件。单击"图片"按钮，在打开的对话框中，全选图片，单击"插入"按钮，插入全部图片。在"格式"选项卡中，单击"图片版式"下拉按钮，选择满意的版式。这里选择"六边形群集"版式。

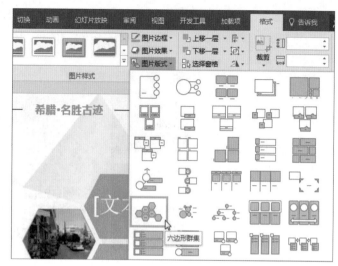

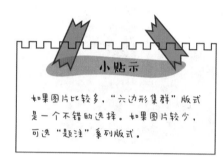

小贴示

如果图片比较多，"六边形集群"版式是一个不错的选择。如果图片较少，可选"题注"系列版式。

Step 02 完成图文混排操作，很简单吧！接下来单击"文本"图标，输入文本内容，并设置好其字体与字号。

知识加油站：重新调整SmartArt图形的颜色

选择"图片版式"列表中任意版式后，系统会将排版后的图形自动转换为SmartArt图形。此时如果想要调整该图形的颜色，只需在"SmartArt工具-设计"选项卡中，单击"更改颜色"下拉按钮，选择一款满意的颜色即可。

图形工具大用处

PPT中的图形工具非常强大，无论你是处理文字还是图片，都有可能用得到图形工具。图形工具最大的特点就是可塑性很强，我们只要使用简单的形状就能绘制出十分复杂的图形图案。

01 神奇的"合并形状"功能

图形工具中的"合并形状"功能，在文字设计那一章节里已经涉及到了。利用合并形状中的"联合"、"组合"、"拆分"、"相交"以及"剪除"这5种功能，可以做出你想要的任意图形。

下面小德子将以本书书名为素材，运用"合并形状"功能来制作相关的LOGO图案。

Step 01 新建空白文档，使用文本框输入书名内容。设置好其字体、颜色与字号。这里将字体设为"方正剪纸简体"，颜色为"深红"色，字号为"66"。

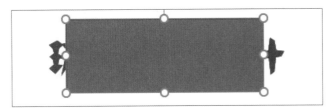

Step 02 在"插入"选项卡中的"形状"列表中，选择"矩形"形状。绘制矩形。

Step 03 选中矩形，在"形状填充"下拉列表中，选择"无填充"选项；在"形状轮廓"下拉列表中，将轮廓颜色设为"灰色"，然后在"粗细"列表中选择"6磅"，将矩形置于底部。

Step 04 将书名文本框填充成"白色"，轮廓设为"无"。将文本内容和矩形添加阴影。

Step 05 在"形状"列表中，选择"平行四边形"，并将其放置文本合适位置。

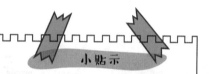

小贴示

这里的形状大家可以根据自己的审美来设计，不需要和小德子设计的一样。小德子只是想以这个案例来和大家说说"合并形状"功能的使用方法。

Step 06 选中矩形和平行四边形，在"格式"选项卡中，单击"合并形状"下拉按钮，选择"剪除"选项完成剪除操作。

Step 07 在"合并形状"下拉列表中，选择"相交"选项，又是另外一种效果。

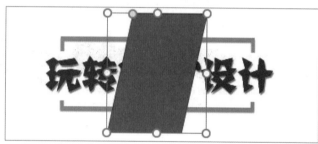

⑫ 使用SmartArt图形制作逻辑图

　　SmartArt是专门用来制作逻辑图的工具。在PPT中使用率非常高。只需几个按键就可以生成完美的逻辑图。在"插入"选项卡中，单击"SmartArt"按钮，打开"选择SmartArt图形"对话框。在该对话框中，选择满意的逻辑图形即可自动生成逻辑图。

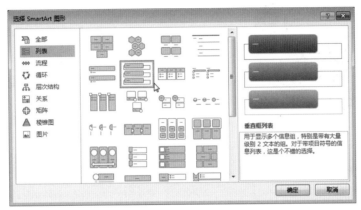

　　常用的逻辑图形有并列型、递进型、循环型、时间型、矩阵型等。下面将对这些逻辑图进行介绍。

- **并列型**：并列型使用的最广泛，其中所有对象都是平等关系，按照一定的顺序一一列举出来。没有主次之分，没有轻重之别。

- **递进型**：递进型逻辑图是指几个对象之间呈现层层推进的关系，主要强调先后顺序和递增趋势。

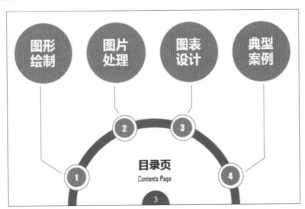

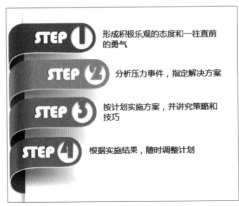

- **循环型**：循环型逻辑图是指几个对象按照一定的顺序循环发展的动态过程，强调对象的循环往复。
- **时间型**：时间型逻辑图首先要绘制一个时间轴，其次要在时间轴上标注出主要的时间区间，一端的箭头表示时间的发展趋势。

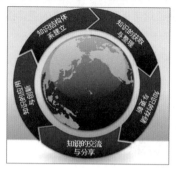 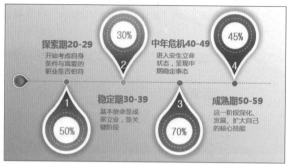

知识加油站：图形工具在PPT中的作用

1.突出重点：使用图形突出内容重点，它可以迅速集中观众的视线；2.页面装饰：通过各种形状、颜色来对页面进行修饰，使整个页面活跃；3.内容标注；有时需要将某内容或图片进行标识；4.绘制图案：使用图形能够画出有创意的图案。

- **矩阵型**：矩阵型逻辑图是通过某些类别按两种或多种指标分布在坐标系中，实现清晰的对比。

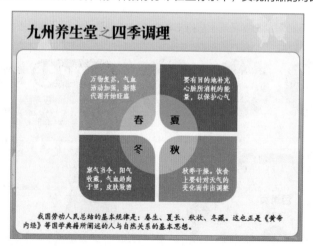

⑱ 使用图形工具自定义逻辑图

使用SmartArt工具创建的逻辑图，它有一定的局限性，通常都达不到预期的效果。这时，要么对自动生成的SmartArt图形稍加优化，要么就使用图形工具自己绘制一个逻辑图。下面将以时间轴逻辑图为例，来介绍具体的绘制步骤。

Step 01 打开原始文件。在"形状"列表中，选择箭头样式，绘制箭头。

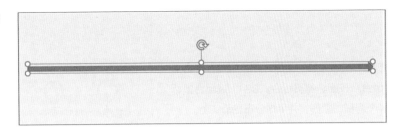

Step 02 调整好箭头的大小，并将其颜色设为橙色，无轮廓，添加阴影。

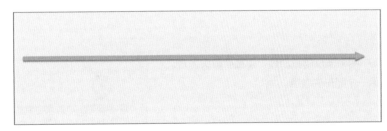

Step 03 绘制圆形，设置好其大小和颜色，并添加阴影。

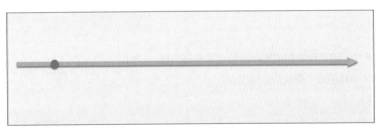

Step 04 在"形状"列表中，选择"泪滴形"图形，并在圆形顶部绘制。然后适当调整其大小、颜色，添加阴影。

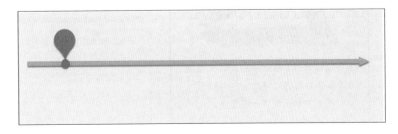

Step 05 选择"圆形"形状，按住Shift键绘制正圆，放在泪滴图形正中位置，全选这两个图形，在"合并形状"列表中，选择"剪除"选项，将图形修剪。

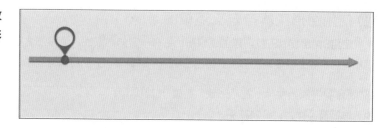

Step 06 全选圆形和修剪后的图形，在"格式"选项卡中，单击"组合"按钮，将其组合。按Ctrl键配合鼠标拖动，复制4个同样的图形，并平均分布在箭头上。

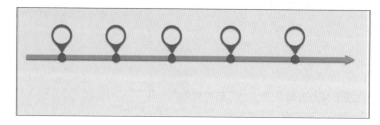

Step 07 将其中两个图形垂直旋转，调整至箭头下方。然后调整最后一个图形的颜色。

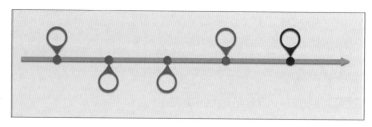

Step 08 使用文本框在绘制的图形中添加文本内容，然后设置好其大小和颜色，完成整个操作。

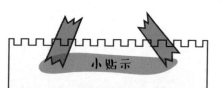

小贴示

最后记得将设置好的图形及数字使用"组合"功能进行组合，这样便可将这些图形和数字变成一个整体。

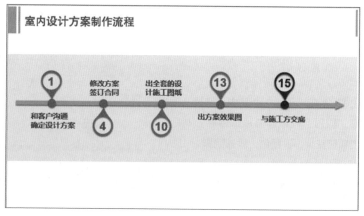

室内设计方案制作流程

1
修改方案
签订合同
出全套的设计施工图纸
13
15
和客户沟通
确定设计方案
4
10
出方案效果图
与施工方交底

学习心得

　　这一课我们学习了PPT图形图像功能的制作技巧，其中包括图片的选取、图片的处理以及图形工具的使用方法。除了正文中介绍的3种图片排版方式外，想想看，还有哪些有创意的排版秘诀呢？大家可以到"德胜书坊"微信公号以及相关QQ群中分享你的心得，让我们给那些想要学好PPT的小伙们一些思路和启发吧！

_____

_____

_____

_____

_____

_____

_____

_____

　　本章中一些欣赏类的图片出自于PPT达人之手！大家平时可以多看看一些达人的作品（秋叶、曹将、@Simon_阿文等）。看的多、想的多、做的多，自然而然你也可以成为PPT达人噢！

Chapter

05

一场精彩的视听报告

智慧并不产生于学历，
而是来自对于知识的终身不懈的追求。

——爱因斯坦

SECTION 01 让音乐叫醒你的耳朵

插入适合的背景音乐可以让当前的PPT活跃起来，当然不是每个PPT都需要背景音乐，这个还是视情况而定。例如一些用于商务会议或工作报告等类型的PPT就不适合使用音乐，而一些企业宣传、庆典仪式或者与音乐有关的电子课件等类型的PPT，添加了合适的音乐会更有感染力。

以上是锐普公司为武汉融创地产发布会制作的PPT。精致的动画、完美的内容再加上舒缓的背景乐及旁白的气氛渲染，立刻将观众带入情景中，值得细细品味。所以说背景乐是把双刃剑，运用的好则画龙点睛，运用不好则是画蛇添足。

01 音频文件的选择诀窍

　　说起背景乐的选择，很多人都会使用百度搜索，例如想要舒缓的背景乐，就直接在百度搜索框中输入"轻音乐"，然后就会出现一系列的轻音乐供你选择。虽然说这是最省事的办法，但这些音乐的音色、品质参差不齐，从而会影响效果。

　　那到哪才能选到好的配乐呢？下面小德子就给大家说说配乐的选择诀窍吧！

1. 音乐网站

　　我们可以到一些知名音乐网站中去搜索。这些专业音乐网站有着丰富的资源，其音乐的品质也能得到保证。例如虾米音乐网、音悦台、网易云音乐等。

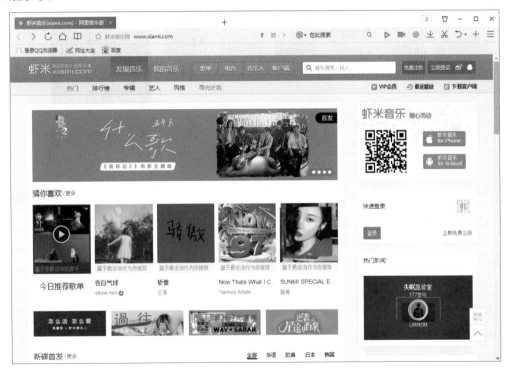

　　就拿虾米音乐网为例吧，打开虾米音乐网，在顶端的搜索框中，输入"背景音乐"回车后，就会跳转到搜索结果页面，单击顶端"歌单"按钮，就可以看到一系列优秀的背景乐了。这些背景音乐都是由广大的音乐爱好者搜集整理的，所以其音质效果一般都不会差。

在这些歌单列表中，我们可以根据PPT主题，选择相应的背景乐文件，例如选择"激昂、大气的背景音乐集"文件，然后在打开的歌单列表中，单击"立即播放"按钮即可试听该音乐文件，如果确定选择哪一首，登录后下载即可。

小 贴 示

为了保护音乐版权，现在有很多音乐网站中的资源都需要付费下载才可哦！

2. 音乐盒

在一些专业的音乐盒中寻找配乐也是一个很好的选择。例如像酷我音乐盒、酷狗音乐盒、QQ音乐盒等等。只要安装这类音乐盒，就可以免费试听或下载配乐了。

以"酷我音乐"为例吧，启动该客户端，同样在搜索框中，输入音乐关键字，并找到所需音乐文件后，单击其下载按钮即可。可以说使用客户端下载歌曲比使用网页下载要快很多。

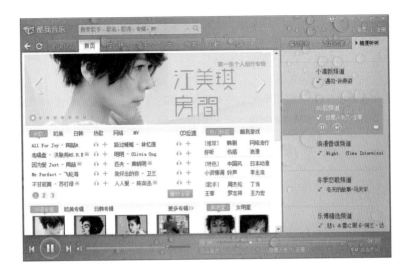

3. 选择合适的背景音乐

无论是从音乐网还是音乐盒，都能够方便的获取到想要的背景乐，那到底什么类型的音乐可用于PPT的背景乐呢？答案是：原声带、流行乐配乐和纯轻音乐，这3种类型。

- **原声带**：无论是电影配乐，还是动漫配乐，这些类型的音乐都有着极高的音质效果，而且它与剧情的发展相呼应。如果PPT要渲染的气氛与其相似，可以试着添加这种类型的配乐。例如宫崎骏系列动漫电影《千与千寻》、《天空之城》、《龙猫》等原声带都比较适合用于PPT背景音乐。

- **纯音乐**：很多经典的纯音乐使用率也很高，无论是钢琴曲、小提琴，还是古筝、箫都是PPT背景音乐的首选。例如班得瑞系列的钢琴曲就被频繁的运用于广告、影视剧或是电台配乐中。

- **流行乐配乐**：现在许多流行度很高的歌曲CD中，都会附上相应的配乐，如果你的PPT主题思想与该配乐的节奏配合默契，那就大胆的用吧！

⑫ 音频文件的插入

在PPT中插入音频文件，无外乎3种：背景音乐、动作声音以及录音。下面小德子将分别对其操作进行简单介绍。

1. 插入背景音乐

通常封面页和内容页的背景音乐分开放。封面页有时会使用节奏感强的音乐，而内容页会使用舒缓轻柔的音乐，当然这些都是要视情况而定的。下面小德子将举例来给大家介绍背景乐的插入操作。

Step 01 打开原始文件，在"插入"选项卡中，单击"音频"下拉按钮，选择"PC上的音频"选项。在"插入音频"对话框中，选择"背景音乐"选项。

在添加音频文件时，需要注意一点，音频文件不要过大，否则不方便PPT传输与放映。特别是添加片头音乐时，最好选择那种短而精的音频文件。

Step 02 单击"插入"按钮，此时在当前幻灯片页面上，可以看到插入的音频播放器。单击"播放"按钮可试听该音乐。

Step 03 选中喇叭图标，将其移动到页面合适位置，就可调整音频文件的位置。

背景音乐添加后，在放映幻灯片时如果我们不做任何设置的话，需要单击一下页面任意位置才能播放。那怎么才能一放映幻灯片就自动播放背景音乐呢？其实操作很简单，闲话少说，立刻上操作步骤！

Step 01 打开文件，选中音频图标，在"播放"选项卡中，单击"开始"下拉按钮，选择"自动"选项即可。

Step 02 再次打开该PPT文件，然后按F5功能键放映幻灯片，此时系统就会自动播放背景音乐了。

我们还可以使用动画功能中的相关命令来对音频进行设置操作。单击音频图标，在"动画"选项卡中，单击"动画"面板右侧按钮，在"播放音频"对话框中，单击"计时"选项卡，然后单击"开始"下拉按钮，选择"与上一动画同时"选项。单击"确定"按钮。此时音频图标左上角会添加"0"动画序号，按F5键放映幻灯片后即可播放音频文件。

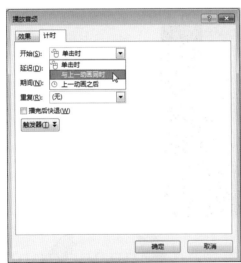

2. 插入动作声音

PPT中的动作声音可分为两种，一种是动画产生的声音，另一种是切换幻灯片所产生的声音。这些声音如果运用的巧妙那还好；如果硬生生的强行添加，那后果就会很惨！小德子在这劝诫那些PPT初学者们，动作声音还是不要添加为妙！

这三张图是锐普公司为"烦趣"APP做的一份宣传PPT。在该PPT中运用了大量的动作声音，例如"捶打"、"风铃"、"掌声"等。他们将这些声音与背景乐、动画巧妙融合，使整个PPT风格变得生动、形象、唯美、契合！

在"切换"选项卡中，单击"声音"下拉按钮，在其下拉列表中，选择合适的动作声音即可。或者是在添加了某一动画之后，在"动画"选项卡中，单击"动画"面板右侧按钮，在打开的对话框的"效果"选项卡中，单击"声音"下拉按钮，同样也可选择动作声音。

小贴示

动作声音经常被用在一些类似于娱乐、游戏风格的PPT中，正式的商务PPT尽量少用，最好不用。

3. 插入录音

在PPT中也可以根据内容需要，插入真人配音。在"插入"选项卡的"音频"下拉列表中，选择"录制音频"选项，在打开的录音对话框中，单击红色录音按钮，就可以录音了。该方法录音的时长仅受硬盘剩余空间的限制。

03 音频设置小诀窍

音频文件插入后，我们可以对音频文件做一些适当的调整，好让音乐与PPT两者相处的更加融洽。

1. 剪裁音频文件

如果背景音乐需要进行裁剪的话，可使用"剪裁音频"功能进行操作。选中要剪裁的音乐文件，在"播放"选项卡中，单击"剪裁音频"按钮，在打开的"剪裁音频"对话框中，拖动左右两边的滑块即可进行音频的裁剪操作。

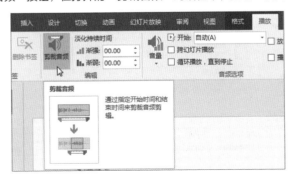

2. 指定范围播放音乐

在多页幻灯片中，如果想指定某一范围内播放背景乐的话，该怎么办呢？很简单。先选中音频图标，在"动画"选项卡中，单击"动画"面板右侧按钮，在"播放音频"对话框中的"停止播放"选项组中，单击"在：张幻灯片后"单选按钮，并输入指定的幻灯片页数即可。

3. 将音频文件嵌入PPT中

音频文件插入到PPT中后，换其他电脑打开的话，其音频文件就不能正常播放了，这是怎么回事？解决这个问题可用两种方法。一是将音频文件一起复制到其他电脑中即可；二是在制作PPT时，将音频文件嵌入到PPT中就可以了。下面我们着重介绍一下第二种方法的操作。

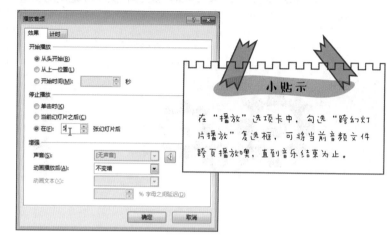

小贴示

在"播放"选项卡中，勾选"跨幻灯片播放"复选框，可将当前音频文件跨页播放噢，直到音乐结束为止。

如果想要将音频文件完全嵌入到PPT中的话，只有将音频文件的格式保存为wav格式才可。其他格式，例如mp3、wma、rm等音频文件是无法嵌入的。说到这里，我们只有借助其他软件将音频文件转换成wav格式了。这里，小德子用的是一款声音处理软件（GoldWave）进行操作。当然，大家也可以使用其他软件进行转换。例如格式工厂、Adobe Audition软件等都行。

Step 01 打开GoldWave软件，单击"文件"菜单按钮，在菜单列表中，选择"打开"选项，在打开的对话框中，选择要转换的音频文件。

知识加油站：GoldWave软件简介

GoldWave是一个功能强大的数字音乐编辑器，是一个集声音编辑、播放、录制和转换的音频工具。它还可以对音频内容进行转换格式等处理。它体积小巧，功能却无比强大，支持许多格式的音频文件，包括WAV、OGG、VOC、IFF、AIFF、AIFC、AU、SND、MP3、MAT、DWD、SMP、VOX、SDS、AVI、MOV、APE等音频格式。

Step 02 单击"打开"按钮，可以打开该音频文件。该软件可以对当前音频文件进行裁剪。选中所需音频段，单击"裁剪"按钮即可。使用该软件还可以对音频段进行复制、移动甚至能够做出N种声音特效。裁剪完成后，单击"文件"菜单按钮，在菜单列表中选择"另存为"选项。

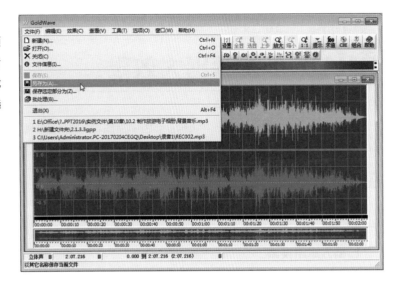

Step 03 在"保存声音为"对话框中，选择好音频文件保存的路径，单击"保存类型"下拉按钮，选择"Wave（*.wav）"选项，单击"保存"按钮即可完成转换操作。

Step 04 将转换后的wav格式的音频文件插入至PPT中就可以了。插入完毕后，该PPT中的音频文件无论在哪台电脑上都能够正常播放了。

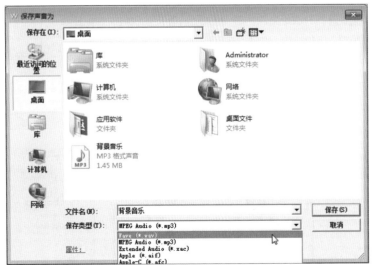

SECTION 02 小视频出大效果

有时使用真实的视频，也许比你用图、用文字或者图表来的更有说服力。在一些培训课件、新品介绍等PPT中，视频的使用率很高。目前PPT支持的视频格式比较多，例如avi、wmv、mpeg等。下面我们就来一起研究下PPT中视频的插入与设置操作吧。

01 视频的插入

在PPT中可以插入2大类型的视频文件，分别为本机视频和网页链接视频。这两种类型的视频各有优缺点，大家可以根据实际情况来选择。

1. 插入本机视频

在PPT中插入本机视频的优点是随时都能够观看视频，缺点就是占用空间太大，PPT操作起来会有所迟钝。

Step 01 打开原始文件。在"插入"选项卡中，单击"视频"下拉按钮，选择"在PC上的视频"选项。

Step 02 在"插入视频文件"对话框中，选择好要插入的视频文件，然后单击"插入"按钮

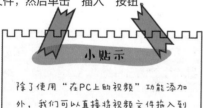

小贴示

除了使用"在PC上的视频"功能添加外，我们可以直接将视频文件拖入到PPT页面中，这样操作方便快捷。

108

Step 03 完成本地视频的插入操作。视频插入后，选中视频四周任意控制点，按住鼠标左键拖动控制点至合适位置，放开鼠标即可完成对视频文件大小的调整。单击播放进度条上的"播放"按钮，可播放视频。

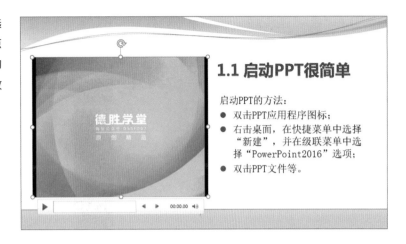

2. 插入网页链接视频

插入网页链接的视频其优点是占用空间小，但它的缺点是如果在没有网络的情况下，视频是无法观看的。

首先需要复制网页视频的嵌入代码，然后在PPT的"视频"下拉列表中，选择"联机视频"选项，在"插入视频"界面的"来自视频嵌入代码"文本框中粘贴视频嵌入码。最后单击右侧"插入"按钮即可插入在PPT中插入网页视频。

3. 插入屏幕录制

由于网络的不稳定因素，导致了插入网页链接视频会受到各种各样的限制。其实我们可以试试使用"屏幕录制"功能，将网页视频录制下来，然后插入到PPT中。这样不就解决了网页视频无法播放，或无法插入的尴尬了吗！下面小德子将以录制"简笔画教程"网页视频为例，来向大家介绍具体的操作步骤。

Step 01 在 "插入" 选项卡中, 单击 "屏幕录制" 按钮。此时PPT自动最小化, 整个屏幕变成灰色半透明状态, 光标也会变成黑色十字形。桌面顶端自动打开录制面板。该界面由5个功能按钮组成。在此需要先单击 "选择区域" 按钮。

Step 02 在屏幕中使用鼠标拖拽的方法, 框选网页中需录制的区域。此时被框选的区域以正常色显示, 其边框以红色虚线显示。而未被框选的区域还是灰色半透明状态。

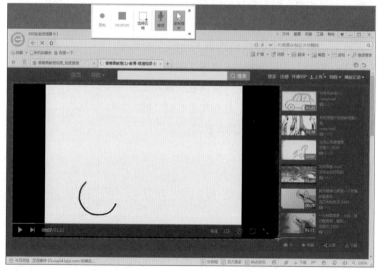

Step 03 录制区域框选好后，我们就可以在录制面板中，单击"录制"按钮，开始录制了。如果想要取消录制，在录制面板中单击"关闭"按钮即可取消。

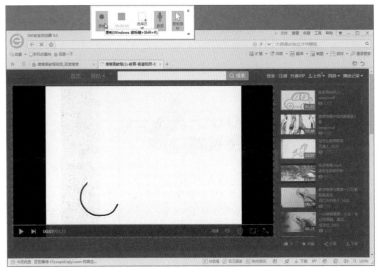

小贴示

在"播放"选项卡中，勾选"跨幻灯片播放"复选框，可将当前音频文件跨页播放噢，直到音乐结束为止。

Step 04 开始录制时，屏幕上会出现3秒倒计时，并给出提示"按Win+Shift+Q组合键停止录制"。我们也可在顶端的录制面板中，单击"停止"按钮停止录制。如果想要录制鼠标指针，需在录制面板中单击"录制指针"按钮，默认情况下该功能是选中状态。

Step 05 录制过程中可以暂停录制。在录制窗口，单击"暂停"按钮即可暂停录制。再次按"录制"按钮，可继续录制。

小贴示

在录制过程中，录制面板默认是不显示的，当鼠标向上移动到原来所在位置时，该面板就会自动显示出来。如果想让面板一直呈显示状态，可单击该面板右下角图钉按钮固定该面板。

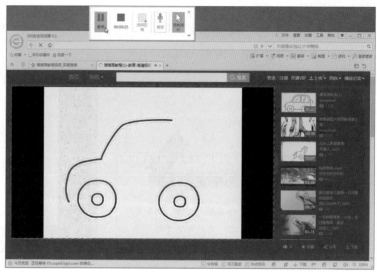

Step 06 录制完成后，按Win+Shift+Q组合键，结束录制。此时录制的文件已显示在当前幻灯片页面中。录制的文件属性与插入的视频属性相同。我们同样可对屏幕录制的视频大小进行调整。甚至可以使用"裁剪"命令对视频进行裁剪。

ⓜ 视频的设置与美化

视频插入后，通常都会对视频进行一些必要的调整，例如视频的开始模式、视频的封面效果以及视频的剪裁等。

1. 设置视频开始模式

和音频文件一样，视频也可以根据情况设置开始播放的模式。在默认情况下放映幻灯片时是单击视频界面，才开始播放视频。如果想要更改其模式，先选中视频文件，然后在"播放"选项卡中，单击"开始"右侧下拉按钮，选择所需的选项即可。

2. 设置视频封面

有时视频插入后，其封面状态是一团黑，这样就会影响整体页面效果。遇到这种情况，可以使用PPT中的"海报框架"功能，给它添加一个视频封面。

Step 01 打开原始文件。选中视频文件，在"格式"选项卡中，单击"海报框架"下拉按钮，在列表中选择"文件中的图像"选项。

Step 02 在"插入图片"界面中，有三种图片类型，"来自文件"可插入本机自带的图片；"联机图片"可插入网络图片或图像；而"自图标"则可插入系统自带的图标。这里选择单击"来自文件"选项。

Step 03 在打开的对话框中，选择要添加的封面图片，单击"插入"按钮。

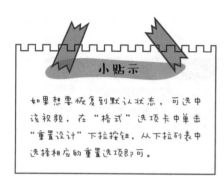

小贴示

如果想要恢复到默认状态，可选中该视频，在"格式"选项卡中单击"重置设计"下拉按钮，从下拉列表中选择相应的重置选项即可。

Step 04 此时视频封面已更改成功。如果需要对视频封面进行调整，可先选择该视频，在"格式"选项卡中，单击"海报框架"按钮，选择"重置"选项即可恢复原始效果。

3. 剪裁视频

在PPT中插入视频的时间不能太长，宜用一些短小精悍的视频比较好。通常我们在PPT中插入视频后，多多少少都需要对它进行剪辑。

选中视频文件，在"播放"选项卡中，单击"剪裁视频"按钮，打开"剪裁视频"对话框。拖动进度条两端的滑块即可对视频进行剪裁。

需要注意的是，两个滑块之间的区域是保留区，滑块之外的区域是删除区。剪裁完成后，单击"播放"图标按钮，预览一下剪裁效果。确认无误后，单击"确定"按钮完成该视频的剪裁操作。

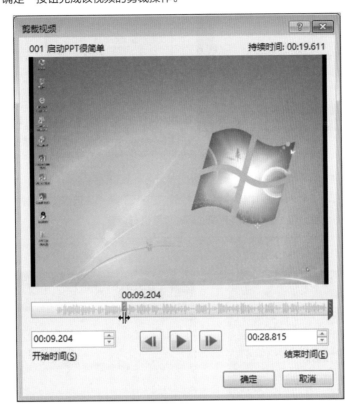

4. 视频的美化

PPT中的视频外观效果可以根据我们的喜好进行更改。例如调整视频外观大小、更改视频外观样式、更改视频外观颜色等。

A. 调整视频外观大小

如果插入的视频外观太大，我们可以利用裁剪功能，对其外观进行裁剪，具体的操作方法与图片裁剪的方法相同。只需选中视频，在"格式"选项卡中，单击"裁剪"按钮即可裁剪。

B. 更改视频外观样式

选中视频文件，打开"格式"选项卡，在"视频样式"下拉列表中，选择满意的外观样式，即可对当前视频样式进行更改。

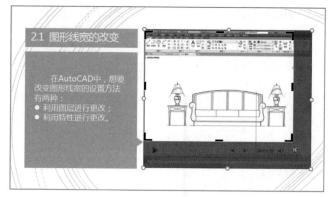
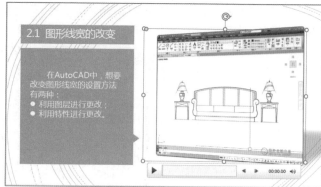

C. 更改视频外观颜色

选中视频文件，在"格式"选项卡中，单击"颜色"下拉按钮，在下拉列表中，选择满意的外观颜色即可。而单击"更正"下拉按钮，选择适合的外观亮度和对比度，可对当前视频外观的明暗程度进行调整。

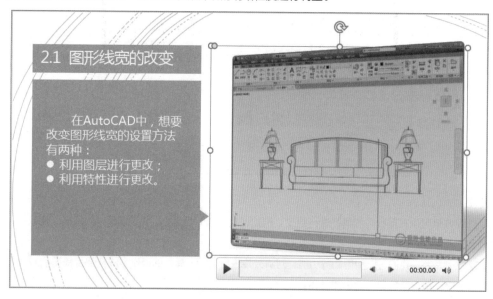

学习心得

　　这一课我们学习了PPT音视频的应用技巧，其中包括音视频的插入、裁剪、设置等操作方法。通过这一课的学习，大家可以到"德胜书坊"微信公号以及相关QQ群中分享你的心得，让我们给那些想要学好PPT的小伙们一些思路和启发吧！

　　如果你的PPT看起来暗淡无光，那就试着添加音频或视频文件吧！它会让你看到一个不一样的PPT哦！

让数据华丽变身

业精于勤，荒于嬉；
行成于思，毁于随。

——韩愈

01 表格套路深

在PPT中，很多人不太喜欢用表格来表达所要表述的内容。就算使用表格，也是很简陋的表格，让人看的费劲，从而无法专注于表格内容。其实用好表格是提升PPT质量和效率的最佳途径之一。下面小德子就和大家一起见识下表格的美吧。

01 循规蹈矩的做表格

许多人都不擅长于解释表格内容，所以在PPT中就很少运用到表格。其实我们只要把握以下四点要素，不用你解释，观众自己就能看得很明白。

- **表头**：表头可以清楚的告诉观众，这个表格是关于什么内容的，所以一定要给表格添加表头；
- **表格框线**：表格里有行有列，所以必须要有边框线，否则观众得自己对应着每行每列的内容来看，很是费劲；
- **数据单位**：表格中有数据的，一定要有单位，否则弄错单位，后果不堪设想！
- **行和列只表达一个内容**：每行或每列只能表达一种内容，例如这一列是销售量，就不能混入销售价格。

地区	2016年	2017年
上海	60	75
广州	64	78
深圳	58	64
江苏	69	80

公司在各城市的销售业绩统计（单位：百万）		
地区	2016年	2017年
上海	60	75
广州	64	78
深圳	58	64
江苏	69	80

以上两张表格，你更喜欢哪一张呢？很明显，右图的表格有条有理，一目了然；而左图的表格让人一头雾水，不知所以然。通过这个例子，我们可以看出表格制作并不难，只要将想表达的内容说清楚就够了。

02 在PPT中应用表格

很多朋友喜欢从Excel中复制表格然后贴到PPT中，其实这样的习惯不好。Excel是专业处理数据的软件，其功能强大到你无法想象。Excel制作出来的表格非常详细，它包含了所有原始数据和逻辑关系，可谓是牵一发而动全身。如果将这类表格贴过来，你认为会有观众仔细看其中的数据关系吗？肯定不会。在PPT中应用表格主要目的是为了阐明你的观点，那些与观点无关的数据统统删掉。

说了这么多，小德子只想说明一点，在PPT中如果要用到表格，那就尽可能自己创建吧。

1. 插入表格

在PPT中创建表格的方法有多种，我们可以根据实际情况来创建。在"插入"选项卡中，单击"表格"按钮，就可以在展开的列表中通过多种方法插入表格。

● **自动插入**：在"表格"列表中，移动光标就可以自动插入指定行数和列数的表格。例如想要插入5行3列的表格，只需将光标向下移动5行，向右移动3行即可，此时在PPT中已插入了相应行数和列数的表格。

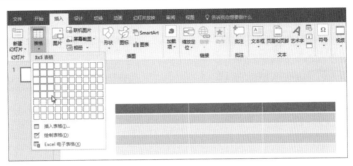

● **插入表格**：使用以上的方法最多只能插入8行10列的表格，如果要插入的表格超出这个范围，就在"表格"列表中，选择"插入表格"选项。然后在打开的"插入表格"对话框中，输入"列数"和"行数"值，单击"确定"按钮即可。

● **Excel电子表格**：在"表格"列表中，选择"Excel电子表格"选项后，系统会在PPT页面中自动插入Excel电子表格，在该表格中，我们可以输入表格数据，单击页面空白处即可完成表格的插入操作。

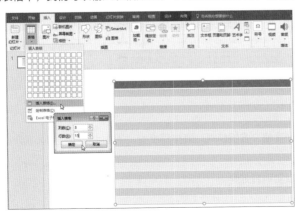
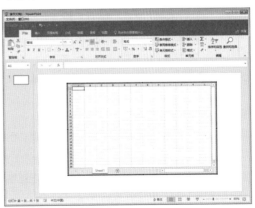

2. 美化表格

通常插入表格后，需要对它进行一些必要的美化，这样可以增强观众的阅读欲望。但凡事都不能太过，表格制作的漂不漂亮，主要是看其内容，只要你能够说清楚，观众能够看明白，那就是一张漂亮的表格。你们说是不？

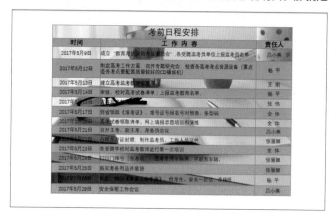

我们都喜欢美的事物，就拿上面两张表格来说吧，你更愿意看到哪种表格啊？左边的表格内容很丰富，还专门为其添加了底图，可它确忽略了表格内容；而右图简简单单，很清爽，观众看着也不费劲。

熟练运用办公软件的人都知道Word、Excel和PPT三大软件之间是互通的，其表格的美化程序都是一样的。无外乎就是选中表格，选中满意的表格样式，或者自定义表格样式之类。这些操作在"设计"选项卡中就能全部搞定。小德子在这就不再多说了。

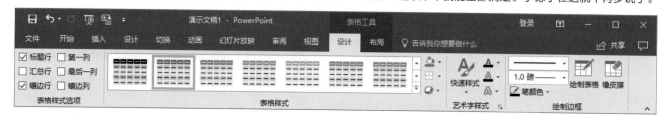

03 制作米字格稿纸模板

大家知道吗？利用表格可以制作各种各样的稿纸噢。例如米字格、方格信纸、竖排稿纸等。下面小德子将向大家介绍具体的制作方法。

米字格的制作方法很简单。运用对表格边框线的设置就可以实现其效果。

Step 01 在"插入"选项卡中，单击"表格"命令，插入表格，这里插入8列2行的表格。在"表格样式"列表中，选中"无样式，网格型"选项。在"布局"选项卡中的"单元格大小"面板中，设置行高和列宽值。这里将行高和列宽都设为"2.82"。

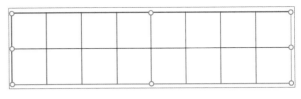

Step 02 选中表格，在"设计"选项卡的"绘制边框"面板中，将"笔划粗细"设为"3磅"，将"笔颜色"设为"红色"。

Step 03 在"表格样式"面板中，单击"边框"下拉按钮，选择"外侧框线"选项。完成米字格外框线的设置。

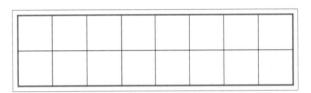

Step 04 在"绘制边框"面板中，选择一款虚线笔划样式，然后将"笔划粗细"设为"1.5磅"，将"笔颜色"设为"红色"。

Step 05 在"边框"下拉列表中，选择"内部框线"选项，完成米字格内框线的设置操作。

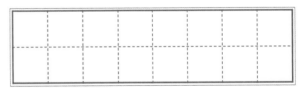

Step 06 在当前状态下，选择"边框"下拉列表中的"斜下框线"选项。为表格添加斜下框线。

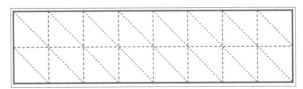

Step 07 按照同样的方法，为表格添加"斜上框线"。

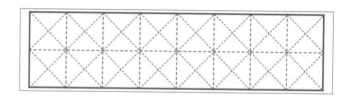

Step 08 在"绘制边框"面板中，单击"橡皮擦"按钮，然后单击表格中多余的线即可完成米字格的制作。

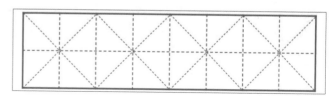

Step 09 为了美观，小德子为米字格添加了底纹颜色。选择表格，在"设计"选项卡中，单击"底纹"下拉按钮，选择满意的颜色即可。最后可以使用文本框添加文字内容。

04 当图片遇到表格

当图片遇到表格会擦出什么样的火花？下面给大家欣赏下两者结合的效果。

是不是瞬间高大上了！当然类似这种风格的封面或页面排版网上也很多。这种风格的PPT大多都是利用表格填充功能来制作的。下面小德子将利用表格填充等功能来制作不一样的图片排版效果。

Step 01 打开原始文件。插入7列表格，并将表格样式设为"无样式，网格型"。使用鼠标拖拽的方法，调整该表格的大小。当然我们还可以准确调整表格的大小。在"布局"选项卡的"表格尺寸"组中，设置表格的宽度和高度，这里将其宽度和高度统一都设为"15"。

Step 02 选中表格，在"设计"选项卡中的"表格样式"选项组中，单击"底纹"下拉按钮，选择"表格背景"选项，并在其级联菜单中选择"图片"选项，为表格添加底纹图片。

Step 03 选中表格，在"设计"选项卡中的"绘制边框"组中，单击"笔颜色"下拉按钮，从中选择"白色"，然后单击"笔划粗细"下拉按钮，从中选择"4.5磅"。在"表格样式"组中，单击"边框"下拉按钮，从中选择"所有框线"选项，即可调整表格边框线的样式。PPT中表格框线的设置与Word和Excel稍有不同。

Step 04 打"形状"下拉列表，选择矩形，在表格中绘制矩形，其大小适合即可。

知识加油站：利用SmartArt图形进行排版

想要将图片排出花样来，除了正文中介绍的使用表格来排版外，还可用SmartArt图形进行排版。先添加一个SmartArt图形，通过右键菜单中的命令将其转化为形状，然后在"设置形状格式"窗格中将该形状填充所需的图片就可以了。

Step 05 将矩形设为"无轮廓"，颜色为"白色"。然后按住Ctrl键配合鼠标拖动复制矩形。或者按Ctrl+D组合键，对矩形进行复制（使用该组合键可快速等距离复制矩形）。先用Ctrl+D组合键复制一个矩形，然后将这两个矩形对齐排放，接下来只需再次按Ctrl+D组合键即可等距粘贴矩形。

Step 06 适当调整各个矩形的大小。让图片外轮廓显示为心型。当然大家还可以设置成其他漂亮造型。

小贴示

我们除了可以将图形排列成心形，还可以排列出各种各样的形状。这就看你怎么设计了。所以说做一份PPT就如同做一份平面海报作品，都是要花心思去设计的。作品好不好，就看你花的心思够不够。

经典案例赏析

"小故事" 鞋店·西班牙

这是位于西班牙的一家儿童鞋店，设计师以品牌名称"小故事"入手，构建了一个具有强烈品牌特征的室内空间。

"小故事"鞋店不论从外观还是室内空间上都有着强烈的吸引力，不仅为孩子们提供了游戏空间，还使商品得到了充分的展示。室内的灯光从天花板上的管道内散发出来，将人们的目光不断吸引到产品上来。

经典案例赏析

"小故事" 鞋店·西班牙

这是位于西班牙的一家儿童鞋店，设计师以品牌名称"小故事"入手，构建了一个具有强烈品牌特征的室内空间。

"小故事"鞋店不论从外观还是室内空间上都有着强烈的吸引力，不仅为孩子们提供了游戏空间，还使商品得到了充分的展示。室内的灯光从天花板上的管道内散发出来，将人们的目光不断吸引到产品上来。

经典案例赏析

"小故事" 鞋店·西班牙

这是位于西班牙的一家儿童鞋店，设计师以品牌名称"小故事"入手，构建了一个具有强烈品牌特征的室内空间。

"小故事"鞋店不论从外观还是室内空间上都有着强烈的吸引力，不仅为孩子们提供了游戏空间，还使商品得到了充分的展示。室内的灯光从天花板上的管道内散发出来，将人们的目光不断吸引到产品上来。

05 利用表格来排版

　　想要实现图文混排的效果，通常我们会利用文本框进行各种排版，虽然这种方法也能达成最终效果，但其过程还真是让人头痛，它需要反复地进行各种对齐，调整。一旦页面尺寸改变，又得从头来一遍。那为什么不尝试着使用表格来排版呢？无论图片或文本有多少，版式有多复杂，表格都能够轻松的完成。下面小德子将利用表格来对页面内容进行排版操作。

Step 01 新建一个空白页面，利用"表格"命令，插入一个2行3列的表格。选中表格，在"设计"选项卡的"表格样式"组中，单击"其他"按钮，在其列表中选择"无样式，网格型"样式。使用鼠标拖拽表格任意一个对角点，调整表格大小。

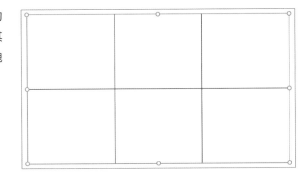

Step 02 选中需要合并的单元格，在"布局"选项卡中，单击"合并单元格"按钮，合并单元格。然后拖动表格内部边框线，适当调整单元格的大小。表格中间一列的单元格宽度稍大些，两侧单元格宽度稍小些。

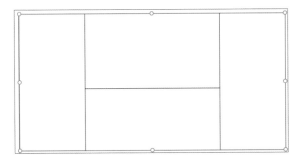

Step 03 将光标放置第1列的单元格中，在"设计"选项卡中，单击"底纹"下拉按钮，选择"图片"选项，在打开的"插入图片"对话框中，选择"图片2"选项，单击"插入"按钮插入该图片。

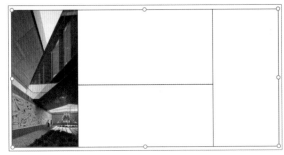

Step 04 按照以上的操作方法，完成其他两张图片的插入操作。这里可以适当的调整单元格的大小，让插入的图片以最佳状态显示。注意，在选择图片时，图片的长宽需要根据单元格的宽度或高度来定。

Step 05 单击空白单元格，输入文字内容，并设置好其字体与字号。这里的文字不要太满，该段文字需要简而精。适当留点空白也不失为是一个好的选择。

Step 06 选中表格，将表格框线设为白色，将"笔划粗细"设为"4.5磅"，完工。要想页面美观，可加上页眉内容。

知识加油站：使用填充表格插入图片

想要在表格中插入图片，使用表格底纹填充的方法是再好不过了。通过表格填充的图片能够和表格形成一体，无论你怎么对表格进行调整，图片始终会随着表格的变化而变化。但是有一点需要注意，最好先调整好表格大小，然后再填充图片，否则填充图片的比例会变形。

SECTION 02 让你的图表与众不同

比起表格，用图表呈现数据的方式更直观，更明了。图表无外乎就是那么几种类型：饼图、折线图、条形图、柱形图等。通常我们在创建图表时，都会使用系统默认的图表样式。那如何制作的图表与众不同呢？下面就听小德子给你们细细道来。

01 不一样的图表美化

先给大家欣赏几张有趣的图表数据。这些都来源于锐普论坛上的达人作品，挺有意思的！

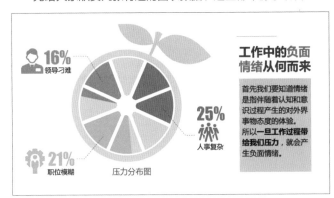

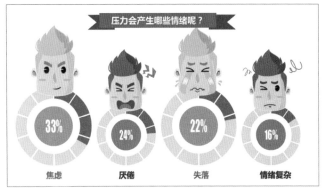

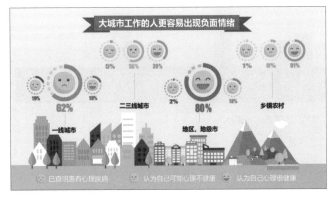

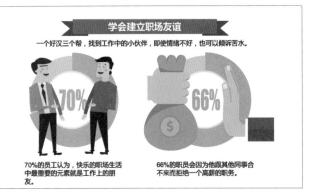

从以上作品可看出，这类风格的PPT纯粹是以真实数据说话，简单明了！可以想象如果他们就用普通的图表来说明，其效果肯定不好。当然我们也没有必要将图表做的多么夸张，其实只要对图表进行小小的加工，那效果就不一样了。

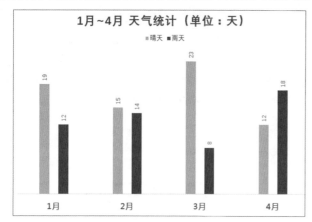

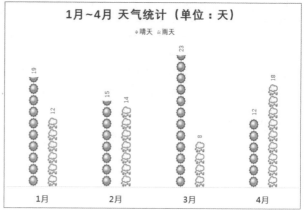

上左图为普通图表，而上右图则以天气小图标的形式展示数据，添加了一丝趣味性。那这类图表是怎么制作的呢？请大家继续往下看就知道了。

Step 01 在"插入"选项卡中，单击"图表"按钮，在打开的"插入图表"对话框中，选择"簇状柱形图"类型。在打开的"Microsoft PowerPoint中的图表"窗口中，输入图表数据。在数据表中，被选中的数据可显示在图表中，而未被选中的数据则不会在图表中显示。

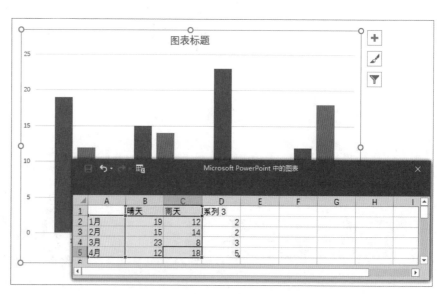

Step 02 单击图表右侧"图表元素"按钮，在打开的下拉列表中，单击"坐标轴"右侧三角按钮，在其级联菜单中，取消勾选"主要纵坐标轴"复选框。然后在"图表元素"列表中，取消勾选"网格线"复选框。并在"图例"的级联菜单中，选择"顶部"选项，调整图例的位置。

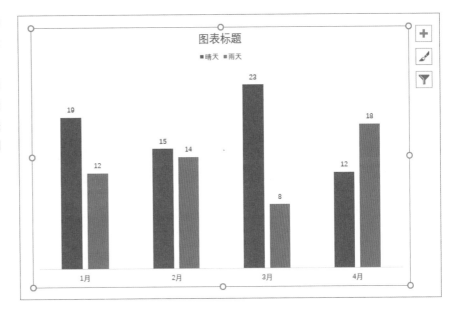

Step 03 选中"晴天"数据系列，单击鼠标右键，在快捷菜单中，选择"设置数据系列格式"选项。在打开的窗格中，单击"填充"按钮，并在其列表中，单击"图片或纹理填充"单选按钮，然后再选择"文件"选项，添加晴天图标。

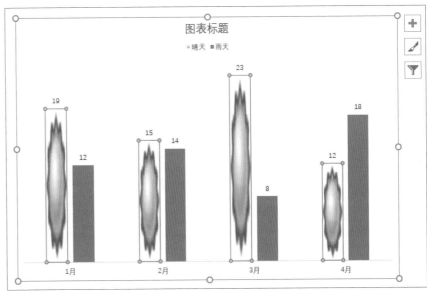

Step 04 添加的图标已完全变形。此时在窗格的"填充"列表中，单击"层叠并缩放"单选按钮，并在"Units/Picture"文本框中，输入"2"，图标恢复正常比例。

小贴示

在"Units/Picture"文本框中，输入2，表示图标的个数按数据标签的值除以2来显示。例如数据标签为12，其图标个数则为6。

Step 05 按照同样的方法，将"雨天"数据系列也添加雨天图标。适当对当前图表进行一些美化操作。例如对图表标题格式、横坐标轴文字格式等进行设置。

知识加油站：选择图标需注意

在使用图标填充数据系列时，最好选择PNG格式的图标，因为PNG格式的图标其背景是透明的。如果是其他格式的图标，就会带背景，这样放上去会很难看。

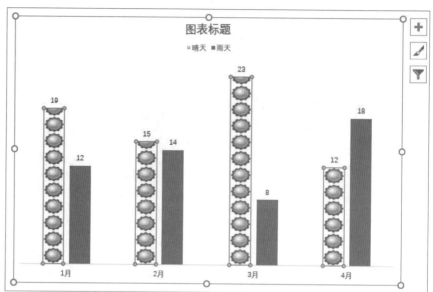

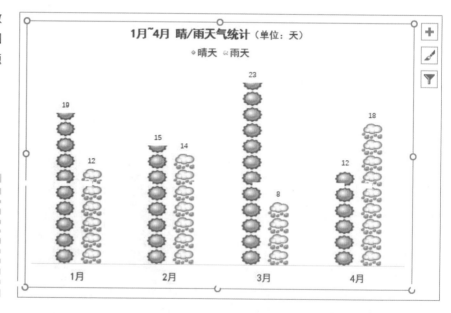

132

⑫ 趣味饼图巧实现

什么样才算的上时趣味饼图呢？下面小德子给大家上两张图，大家一看就明白了。

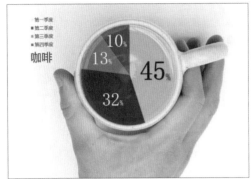

这些图表都是PPT达人制作的，小德子真佩服他们的想象力，生活中一个不起眼的元素，竟然让他们玩成这样，真是厉害！

趁热打铁，小德子趁机以他们的思维方式，自己也试着做了一张饼图。

Step 01 新建一张空白幻灯片。插入一张橙子背景图片，调整其大小和位置。单击"图表"按钮，插入一张饼图，并在打开的表格窗口中输入数据。

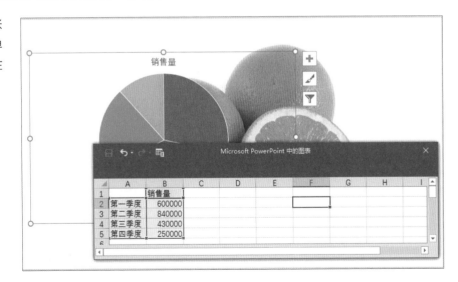

Step 02 单击"图表元素"按钮，设置好图表的布局。先选中任意一个扇形然后在扇形上方右击，在打开的快捷菜单中，选择"设置数据点格式"选项，在打开的窗格中，设置填充颜色及透明度。

小贴示

在设置颜色时，最好用吸管工具吸取图片上的颜色，这样的话，颜色就不会太突兀。

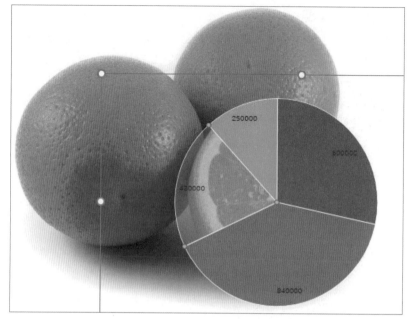

Step 03 按照同样的方式，调整其他扇形颜色及透明度。选中饼图，并将鼠标放置任意扇形位置，按住鼠标左键不放，拖动鼠标至合适位置，可以调整扇形之间的距离。

Step 04 将该饼图调整至橙子一样大。在"形状"列表中，选择"标注：线形"选项，为饼图添加标注。选中标注形状，并在"格式"选项卡的"形状样式"面板中，设置标注格式。然后添加标注内容。

第1季度
橙子销量约60万斤；
总比销量约29%

■第一季度
■第二季度
■第三季度
■第四季度

Step 05 按照同样的方法，完成其他标注。隐藏数据标签。OK，完工！

小贴示

形状工具库中的"标注"形状可能显得有些呆板，大家可以对该标注进行编辑，或者直接使用其他形状。单击该标注，在"格式"选项卡的"形状样式"组中，可对其颜色、轮廓以及效果进行设置。

第4季度
橙子销量约25万斤；
总比销量约12%

第1季度
橙子销量约60万斤；
总比销量约29%

■第一季度
■第二季度
■第三季度
■第四季度

第3季度
橙子销量约43万斤；
总比销量约20%

第2季度
橙子销量约84万斤；
总比销量约40%

03 实现微立体折线图

折线图是将时间点上的数值用点来表示，并将这些点用线连接起来，从而形成图表。这类型的图表比较适合于表现数据随时间发生变化的趋势。下面小德子就来制作一个不一样的折线图。

Step 01 新建一张空白幻灯片，并设置好其主题背景。然后插入一张带数据标记的折线图。

小贴示

在使用折线图表时，需要注意不要为了追求图表的个性化，将折线设置为虚线，这样不仅没有可读性，而且会给观众带来很大的阅读障碍。所以一定要使用实线，而且数据之间的线段一定要连贯。

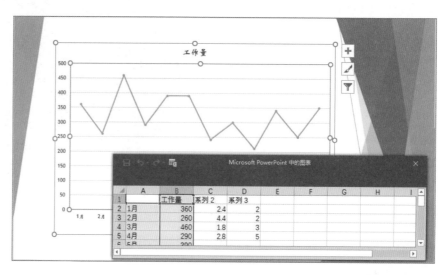

Step 02 设置好图表的标题、横坐标的文本格式，隐藏网格线和纵坐标轴。右击折线，选择"设置数据系列格式"选项。在打开的窗格中，单击"填充与线条"按钮，在打开的"线条"选项列表中，将"短划线类型"设为"圆点"。

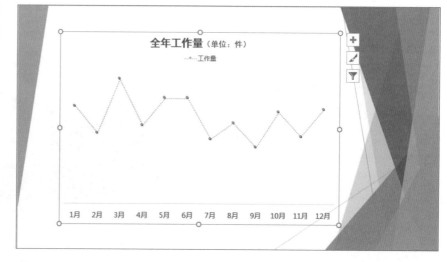

Step 03 在"形状"列表中，选择"椭圆形"形状，按住Shift键，绘制正圆形，并将其放在其中一个数据点上。

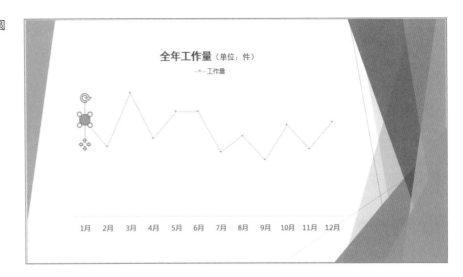

Step 04 将圆形填充为白色，无轮廓。然后在"形状效果"下拉列表中，选择"棱台"选项，并在其子菜单中，选择"柔圆"效果选项。

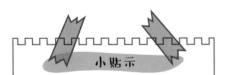

小贴示

制作微立体图形，除了正文中介绍的方法外，我们还可以使用OK插件来操作。该插件简单快捷，一键就能够完成微立体效果。有兴趣的朋友可以安装该插件来试试看。

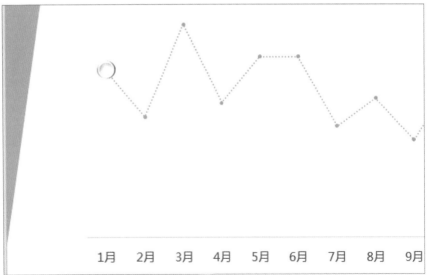

Step 05 选中该圆形，在"形状效果"下拉列表中，选择"阴影"选项，为圆形添加阴影。再次绘制圆形，并将其放置到立体圆形中间位置。然后按住Ctrl键配合鼠标拖拽，将绘制好的形状复制到其他数据点上。

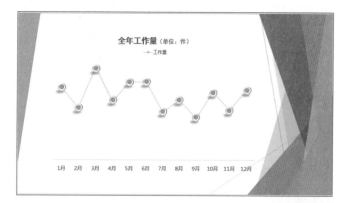

Step 06 右击折线，打开"设置数据系列格式"窗格，单击"效果"按钮，在打开的下拉列表中，设置好阴影参数。为折线添加阴影效果。该阴影效果不需要很强烈，淡淡的有一点就可以。毕竟数据点才是图表的核心内容。

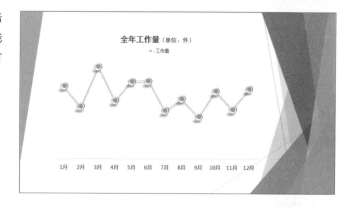

Step 07 单击"图表元素"按钮，勾选"数据标签"复选框，将数据标签添加至上方。适当调整标签位置及文本格式。好了，收工！

小贴示

如果添加的阴影效果不好，可以在列表中，选择"阴影选项"，然后在窗格中，设置详细的阴影参数。

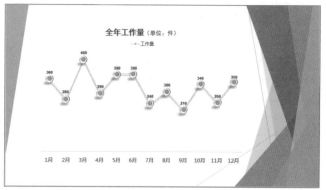

学习心得

　　这一课我们学习了PPT表格和图表的应用技巧，其中包括表格的插入、表格排版、不一样的图表美化等。通过这一课的学习，大家想想利用表格还能做出什么花样来？大家可以到"德胜书坊"微信公号以及相关QQ群中分享你的心得，让我们给那些想要学好PPT的小伙们一些思路和启发吧！

_____

_____

_____

_____

_____

_____

_____

_____

_____

别小看表格哦！它能实现更多排版效果。这么说吧，只有你想不到的，没有做不到的！

Chapter

07

让幻灯片自己动起来

锲而舍之，朽木不折；

锲而不舍，金石可镂。

——荀子

动画功能有讲究

"在PPT中到底要不要添加动画?"这一问题困扰过许多人。小德子给的答案就是:"要,但是要根据PPT内容来定。"所以动画的添加是有讲究的,不是所有PPT都需要动画。恰当的动画可为PPT增添光彩;而不恰当的动画就会起到画蛇添足的作用。下面小德子就和大家一起探讨下这动画里的道道经。

01 应用动画有原则

在PPT中插入动画时会进入两种误区,一种是满屏动画。PPT中哪怕是一行字也要给它添加逐字动画;另一种是零动画。为了避免满屏动画的尴尬效果,就决定不采用任何动画。其实这两种误区都是极端的表现。前者会使观众眼花缭乱,光注意到动画效果,而忽略了PPT本身要表达的内容;后者就会容易产生枯燥乏味,或者某些问题表达不清的状况,从而导致观众无心听讲的后果。那到底什么样的动画才算的上合适呢?

使用动画时,我们一定要遵循4个原则,那就是"强调内容"、"符合规律"、"宁简勿繁"以及"创意动画"。

1. 强调内容

几乎所有PPT中的动画都是为了强调重点内容而设置的。在PPT中我们只对一些重点内容添加动画,而那些辅助性的内容就无需动画了。

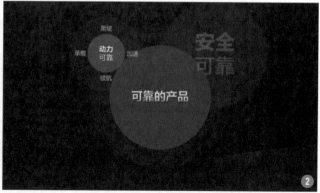

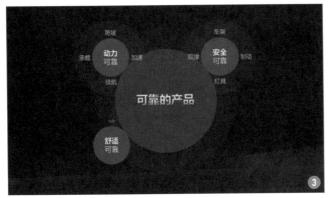

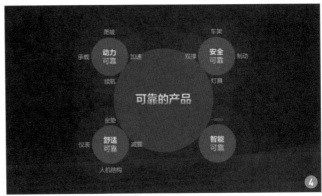

以上是锐普公司为某电瓶车发布会制作的部分内容。制作者只是使用了"缩放"和"轮子"等基本动画，就做出高大上的效果。简单、粗暴，直击PPT核心内容。

2. 符合规律

在添加动画时，需要考虑到该动画效果是否符合自然规律。例如小球掉下来，会产生反弹动作；树叶落到水面上，水面会产生水波纹等。除此之外，动画的持续时间也很重要。例如气球缓缓的升上天空，这里就需要适当延长动画时间，如果以默认的"非常快（0.5秒）"速度来设置就不合适了。

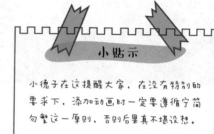

　　这3张截图是出自于锐普演示网中的《微言》PPT项目中的片头内容。该片头以墨点晕染动画来展示内容。由一个小小的墨点，慢慢晕染开，从而引出标题内容。整体风格安静严谨，给人以视觉冲击力。

3. 宁简勿繁

　　很多人喜欢把简单的动画复杂化，认为只有这样才能出好的效果。非也！这种动画只能让人眼花缭乱，让人搞不清到底想要表达什么。例如要展示一张图片，本身可以不用动画，或者使用"擦除"、"浮入"等动画一步到位，非要使用路径动画在页面上绕一圈，然后再回到位置上。像这种动画你不觉得很多余吗？还有一点，动画种类添加的越多，其PPT文件也就越大，会直接影响到PPT播放的速度。

4. 创意动画

　　只有好的创意，才有好的动画。所以创意在动画中是最重要的部分。在PPT添加一些创意的小动画会很受观众欢迎。一些大师级的PPT动画，大都取胜于创意。他们的动画可以模仿，但他们的创意是我们无法模仿的。这里，小德子无法将"创意"具体步骤化，只能告诉大家想要制作出有创意的动画，就需要长时间的经验积累，多多模仿一些高品质的PPT。看的多了，做的多了，自然而然就有自己的创意了。

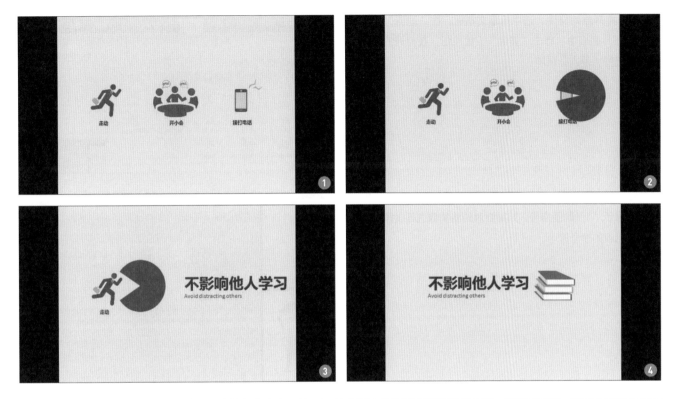

以上4张动画截图出自于锐普演示网中的部分内容。该PPT片头以流线的形式直接引出主题，增添了美感，给予人视觉上的享受。整体排版鲜明易懂，将培训公约整体变得生动有趣。将走动、开小会、接打电话等培训中一系列干扰项罗列的尤为清晰。

02 各类动画的实现

PPT动画可以按照文本、图片、图表等种类进行划分；也可以按片头、目录、过渡以及片尾进行划分。下面将举例来对文本动画、图片动画以及SmartArt动画的操作进行介绍。

1. 制作文本动画

在PPT中，如果想要对文本添加动画的话，小德子建议大家使用一些柔和的动画，例如"淡出"、"缩放"、"浮入"等。想要对一些特殊文本内容进行强调时，可借助"脉冲"、"放大"或"变色"等强调动画来实现。

Step 01 打开原始文件。选中标题文本框。在"动画"选项卡的"动画"面板中，单击"其他"下拉按钮，在打开的下拉菜单中，选择"浮入"选项。

Step 02 选择完成后，我们可预览到该动画效果。随后标题左上角会显示"1"动画序号。如果要对动画参数进行设置，只需选中其相应的序号即可。

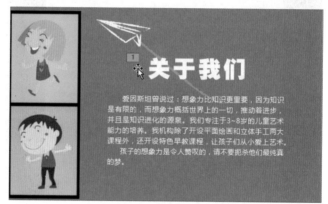

Step 03 选中标题文本框，在"动画"面板中，单击"效果选项"下拉按钮，选择"下浮"选项，可设置"浮入"方向。

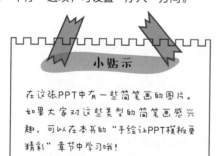

小贴示

在这张PPT中有一些简笔画的图片。如果大家对这些类型的简笔画感兴趣，可以在本书的"手绘让PPT模板更精彩"章节中学习哦！

Step 04 再次选中标题文本框，在"高级动画"面板中，单击"添加动画"下拉按钮，选择"脉冲"选项。此时在该文本框左上角会出现"2"动画序号，说明该文本添加了2个动画效果。当序号呈橙色状态时，说明当前动画已被选中，序号呈白色状态时，则说明未被选中。

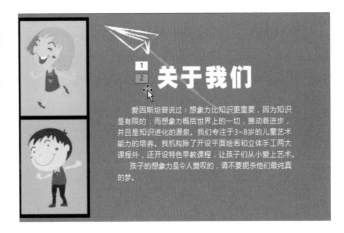

Step 05 重复以上操作，选中内容文本框，将其动画设置为"浮入"，并将"效果选项"方向设为"上浮"。此时在内容文本框左上角会显示"3"动画序号。

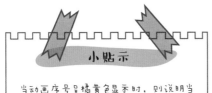

小贴示

当动画序号呈橘黄色显示时，则说明当前动画已被选中，并且可以对当前动画进行修改操作。

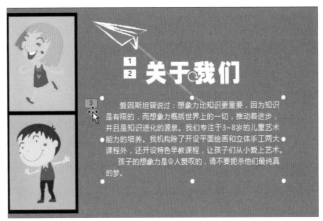

这时所有的文本动画已添加完毕，按键盘上的F5键，可进行播放。此时我们会发现，只有不断单击鼠标，才能按照动画序号依次播放动画。这样播放动画比较生硬，我们需要让它流畅一些才行。下面小德子将通过设置动画的相关参数，来对当前动画进行调整。

Step 01 选择标题文本框，在"动画"选项卡的"高级动画"面板中，单击"动画窗格"按钮，打开该窗格。此时我们可以看到，在该窗格中，按照动画序号显示了所有动画。单击"播放所选项"按钮，可播放当前选中的动画，单击窗格右侧向上/向下三角按钮，可调整动画的播放顺序。

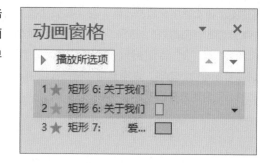

Step 02 单击第1组动画右侧下拉按钮，选择"计时"选项，在打开的对话框中，将"开始"设为"与上一动画同时"。单击"确定"按钮，关闭对话框。

知识加油站：动画参数设置对话框说明

无论是选择"效果选项"还是"计时"选项都会打开相同的对话框只是所显示的选项卡不同，在"效果"选项卡中，可对"声音"、"动画播放后"以及"设置文本动画"等参数进行设置；在"计时"选项卡中，可对动画的"开始"、"延迟"、"速度"等参数进行设置；在"文本动画"选项卡中，可对文本动画参数进行设置。

Step 03 在动画窗格中，修改过的动画序号已改为"0"。随后单击第2组动画右侧下拉按钮，选择"效果选项"选项，在打开的对话框中，将"动画文本"设为"按字母"，并将"字母之间延迟"参数设为"15"。

Step 04 单击"计时"选项卡，将"开始"设为"上一动画之后"，单击"确定"
按钮，完成第2组动画参数设置。

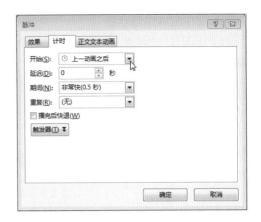

Step 05 在动画窗格中选择最后一组动画，按照以上的操作，将"开始"设为"与上一动画同时"。

Step 06 此时所有动画参数都调整完毕。在"动画窗格"中我们可单击"全部播放"按钮，预览所有动画效果。当然我们也可按
F5键查看幻灯片放映效果。

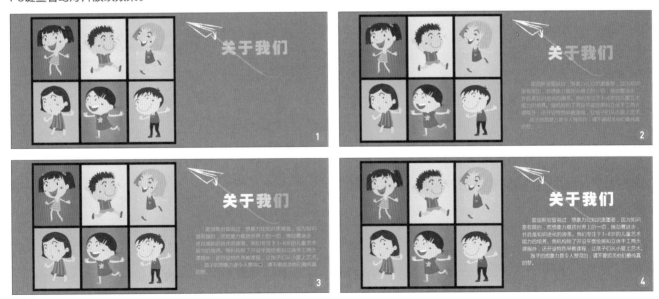

2. 制作图片过场动画

制作图片过场动画时，一定要突出重点图片，弱化其他非相关的图片，并且还要强调转换的过程。下面将以目录为例，来介绍图片过场动画的操作步骤。

Step 01 打开原始文件，选中四张图片。在"动画"列表中，选择"飞入"选项。然后在"效果选项"列表中，选择"自右侧"选项。

> **小贴示**
>
> PPT过场动画意思就是从前一页切换到下一页的一种动画形式，该页就相当于过渡页。如果在该页做相关动作链接，可直接跳转到相应页。

Step 02 在"动画"选项卡的"计时"面板中，将四张图片动画的"开始"设为"上一动画之后"。

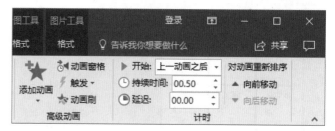

Step 03 选中除第1张图片以外的其他3张图片，使用Ctrl+C和Ctrl+V键进行复制粘贴。选中复制后的这3张图片，在"图片工具—格式"选项卡中，单击"颜色"按钮，将这3张图片重新着色。这里设为"浅灰色"。

Step 04 将重新着色的3张图片覆盖至原图片上。

小贴示

在对添加了动画的元素进行复制时，其相应的动画也会一起被复制。

Step 05 在"动画"列表中，将这3张图片动画设为"淡出"。然后在"计时"面板中，将"开始"设为"与上一动画同时"，并将"延迟"设为"0.5"。

Step 06 选中第1张图片，将其复制粘贴，随后覆盖至原图片上。将覆盖在上方的图片适当放大。

知识加油站：动画和添加动画的区别

当我们要为某个文本框或图片添加动画时，就在"动画"面板中选择合适的动画；而如果想要在当前动画上再叠加一个新动画，那就需在"添加动画"列表中选择动画。两者的动画内容相同，但其性质不同，所以千万不要弄错。

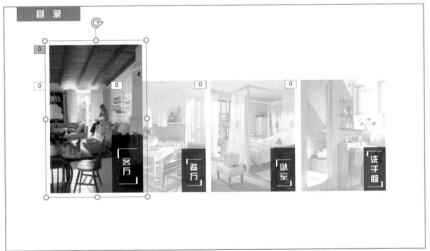

Step 07 选中复制后的图片，将其添加图片边框。在"动画"面板中，将该图片的动画更改为进入效果的"缩放"动画。在"计时"面板中，将"开始"设为"与上一动画同时"选项。

好了，第一张目录幻灯片动画添加完毕。大家按F5键即可查看动画效果。

按照以上的操作步骤,我们可以举一反三制作出其他3张过场动画。由于时间关系,其他3张的过场动画小德子就不一一介绍了。

知识加油站:运用"动画刷"复制动画

对多张图片添加相同的动画时,可以利用"动画刷"功能进行复制。

其用法与"格式刷"相同。

在"动画"选项卡的"高级动画"面板中,单击"动画刷"按钮即可
启动。

03 动画的链接

　　想要实现单击某一张图片、一段文字或者一组图形时，就会立刻跳转至相应页面效果的话，就需要借助于动画链接功能了。PPT中的动画链接可分为两种，一种是内容链接；另一种是动作链接。所谓的动作链接就是通过动作按钮将有关联的页面与当前页面进行链接。下面同样以图片目录为例，来介绍具体的链接操作。

Step 01 打开原始文件。选中客厅图片，在"插入"选项卡中，单击"链接"按钮。打开"插入超链接"对话框。在该对话框中，我们可以通过设置，将其他格式文件链接到所选图片中，除了在幻灯片中链接其他文件，还可以链接网页等。

Step 02 此处选中该对话框左侧的"在文档中的位置"选项，在"请选择文档中的位置"列表中，选择要链接到的幻灯片。这里选择"幻灯片2"选项。

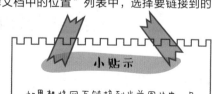

小贴示

如果想将网页链接到当前图片中，只需在"插入超链接"对话框中，选择"现有文件或网页"选项，并在"地址"文本框中输入所需网址即可。

Step 03 单击"确定"按钮，关闭对话框。完成客厅图片的链接操作。放映幻灯片时当我们把光标移动到该图片上时，就会显示相关的链接信息。如果想要在链接信息中显示提示内容，可在"插入超链接"对话框中，单击"屏幕提示"按钮，输入相关内容。

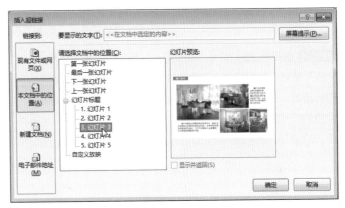

Step 04 选中餐厅图片，打开"插入超链接"对话框。按照以上的操作，将图片链接到"幻灯片3"上。

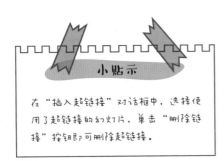

小贴示

在"插入超链接"对话框中，选择使用了超链接的幻灯片，单击"删除链接"按钮即可删除超链接。

Step 05 重复以上的操作，将"卧室"图片链接到"幻灯片4"上；将"洗手间"图片链接到"幻灯片5"上。如果要对链接内容进行更改，只需右击图片，在快捷菜单中选择"编辑链接"选项，在打开的"编辑超链接"对话框中进行相应的更改。

按下F5键播放PPT文件。当光标呈小手形状时，单击该图片，就会跳转至相应的页面上。

如果想要回到目录页的话，该怎么办？这时动作链接就派上用场了。

Step 01 选择第2张幻灯片，在"形状"列表中，选择"箭头：V形"图形，在幻灯片右下角绘制图形。这里的图形大家可以自行选择。在"形状"列表中，也有特定的动作按钮，选择后会自动打开链接参数设置对话框。

Step 02 设置好图形的颜色和样式。选中该图形，单击"链接"按钮，打开"插入超链接"对话框，选择"幻灯片1"选项。其操作与插入链接操作是一样的。与此同时我们可以为动作链接添加声音。

Step 03 单击"确定"按钮，完成链接操作。将链接好的图形复制到第3、4、5张幻灯片中。

Step 04 按F5键我们可查看最终效果。当打开某张内容页后，单击链接好的图形按钮，系统就会立刻跳转到目录页。

洗手间配色

卫生间的色彩搭配主要由地面、墙面、顶面以及洁具四部分组成。色彩可以不一致，但一定要协调。色调可以以清洁感的冷色为主，瓷砖可以选择浅灰色、墙面淡黄 色、乳白、象牙黄等，地面则以选择乳白色，洁具以白色为主，也可根据具体的情况选择黑白相称的。

04 触发器的应用

　　相信不少朋友对"触发器"功能比较陌生。这么说吧！有时为了让PPT做的生动、有趣，我们会在PPT中添加一些与观众互动的板块。例如在PPT中放一些趣味性的小问题，让观众来讨论。像制作这样交互式的PPT就要使用到触发器功能了。

　　解释的再多，不如实际操作明了。下面小德子就举例来向大家说明触发器到底是干嘛用的吧！

Step 01 打开原始文件。插入"NO"图片至文件合适位置。

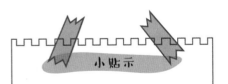

小贴示

警察叔叔简笔画，大家可以参考本书"手绘让PPT更精彩"的"各执其职的职场人"章节内容。

交通安全小知识

　　"文明行车，文明走路"是人们在日常生活中出行安全的基本要求。出行安全，不仅关系到自己的生命和安全，同时也是尊重他人生命的体现，是构筑和谐社会的重要因素。

　　现代交通的发达虽然给人们带来了无尽的便利，但同时也增加了许多安全隐患。有人曾称交通事故为"现代社会的交通战争"，交通事故像一个隐形的杀手，潜伏在马路上等待着违章。做到"关爱生命，安全出行"。

　　下面先给出一道关于行车安全的选择题，看看你们是否知道答案。

问：行车至没有人行横道的交叉路口时，发现有人横穿道路，此时你应该怎么做？

A、立即变道绕过行人 NO

B、减速或停车让行

Step 02 选中该图片，在"动画"列表中，添加进入的"缩放"动画效果。在"高级动画"面板中，单击"触发"下拉按钮，在下拉列表中，选择"通过单击"选项，其后在级联菜单中，选择"A"选项（这里的"A"所指的是选择题的A选项）。

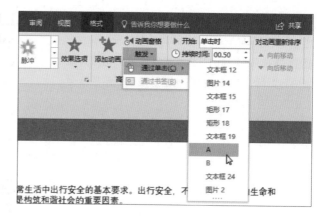

Step 03 此时，在"NO"图片左上角会显示触发器图标。

小贴示

在对触发器进行链接时，最好事先将当前页面中的文本框或者图片重新命名，这样比较容易辨认。选中某一元素，在"格式"选项卡中单击"选择窗格"按钮，在打开的窗格中，先选中其名称然后单击就可以重命名了。

现代交通的发达虽然给人们带来了无尽的便利，但同时也增加了许多安全隐患。有人曾称交通事故为"现代社会的交通战争"，交通事故像一个隐形的杀手，潜伏在马路上等待着违章。做到"关爱生命，安全出行"。

下面先给出一道关于行车安全的选择题，看看你们是否知道答案。

问：行车至没有人行横道的交叉路口时，发现有人横穿道路，此时你应该怎么做？

A、立即变道绕过行人

B、减速或停车让行

Step 04 将"YES"图片插入至文件中，并放置好位置。

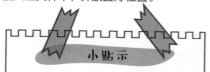

小贴示

像这种触发动画，教育课件上用的比较多，特别是对于低龄儿童，使用这种动画，可以激发他们的探索欲望，加深他们的学习印象。

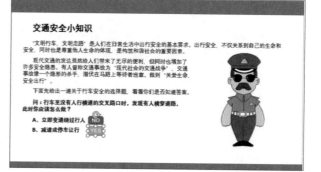

Step 05 将该图片同样添加进入的"缩放"动画效果。然后使用触发器将其链接到"B"选项（这里的"B"为选择题B选项）。

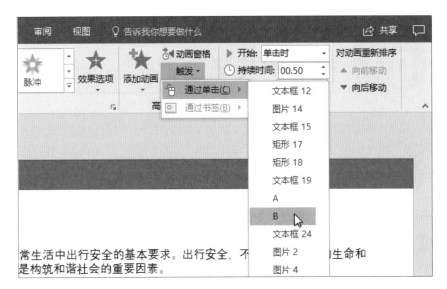

Step 06 此时在"YES"图片左上方也显示了触发器图标。

小贴示

我们完全可以将触发动画再做的完美一点，例如将"NO"和"YES"图片分别加上"进入"和"退出"两种动画类型。当单击"A"文本框时，展现"NO"图标，而当单击"B"文本框时，先是退出"NO"，然后再展现"YES"。大家可以自己动手试一试。

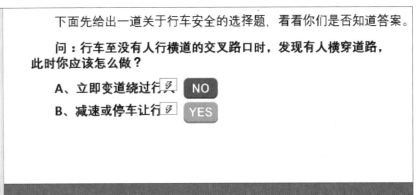

下面先给出一道关于行车安全的选择题，看看你们是否知道答案。

问：行车至没有人行横道的交叉路口时，发现有人横穿道路，此时你应该怎么做？

A、立即变道绕过行驶 NO
B、减速或停车让行 YES

Step 07 大功告成！按F5键播放该PPT。单击选择题A选项时，系统就会弹出"NO"图片；而单击B选项时，就会弹出"YES"图片。怎么样，是不是很有意思啊！

通过以上的案例演示，大家是不是对触发器有所了解呢？这里可以举一反三，例如将两张图片都添加一个退出动画，也就是说第一次单击A选项时，会出现"NO"图片，而再次单击A选项时，"NO"图片就会消失。还有我们还可以为触发器添加声音等等。在此小德子就不一一举例了，大家可以自己动手试试看噢！

神奇的转场动画

以上所说的动画功能都是在单张幻灯片中实现的，在PPT中可以对多张幻灯片之间的转场添加动画效果，实现无缝连接。在"切换"选项卡的"切换到此幻灯片"选项组中，单击"其他"下拉按钮，在打开的列表中，我们可以根据需要选择合适的转场动画。

经过版本的更新换代，目前PPT2016版本的转场动画已达到40多种。按照类型划分的话，可分为3大类：细微型、华丽型以及动态内容型。下面我们将分别对这3类转场动画进行介绍。

01 细微型转场模式

细微型转场效果包含了十多种基本效果，例如"淡出"、"推进"、"擦除"、"分割"、"显示"等等。这种类型的转场效果给人以舒缓、平和的感受。

1. 随机线条

2. 形状

3. 平滑

如果你安装的是Office365版本，在该版本下的PPT中新增了一项"平滑"转场动画。该转场效果目前来说比较受宠。这里得提醒一下，"平滑"转场动画只在Office365版本里有哦，其他版本是没有该动画效果的。

使用平滑效果在转场时会产生一种平滑过渡的效果，给人以流畅、优雅的感觉。使用平滑效果中的"对象"模式，可以将图形的位置、大小以及颜色进行平滑过渡。例如将方形平滑过渡到心形等。

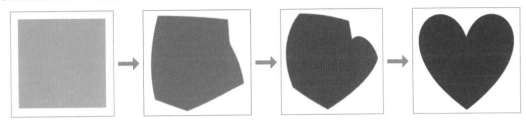

知识加油站：实现平滑效果需注意

如果想利用平滑效果来实现图形之间的转换，在转换前必须将图形变成任意多边形，否则将不会实现效果。当我们插入一个图形时，该图形可以说是以一个块组合而成的。我们先要将这个块进行拆分才可。那如何拆分呢？很简单，在你绘制的图形旁边再绘制一个任意图形，然后同时选中这两个图形，在"绘图工具—格式"选项卡中，单击"合并形状"下拉按钮，选择"拆分"选项，此时图形已变成任意多边形了。删除多余的图形即可进行平滑转场操作了。记好转换的两个图形都要是任意多边形哦！

下面小德子举例来介绍平滑效果的实际操作。

Step 01 打开原始文件。复制第一张幻灯片。然后在复制后的幻灯片中，将"水果的营养成分"标题文本改成"苹果"，并同时删除图片下方"苹果"两字。

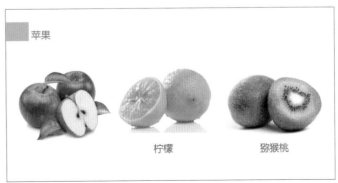

Step 02 在该幻灯片中，放大第1张苹果图片至合适位置，然后适当缩小其他两张图片。其大小要实现强烈的对比，这样可在演示时，展示出最佳的平滑动画效果。

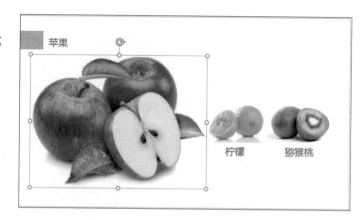

Step 03 调整完成后，在"切换"选项卡中的"切换到此幻灯片"选项组中，单击"其他"按钮，在其下拉列表中，选择"平滑"选项。

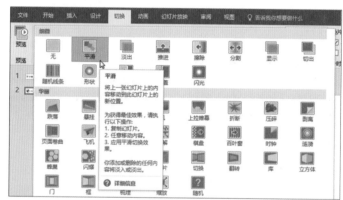

知识加油站：实现平滑动画必要的条件

平滑动画需要在一定的条件下才能实现。1.由于是切换动画，所以至少要两张幻灯片；2.连续两张幻灯片中要有相同的元素，可以有些格式上的差异；3.如果是两页幻灯片，必须要在第2页中进行设置操作。

Step 04 OK！大功告成！下面按F5键查看最终的效果了。

知识加油站：PPT插件——islide

PPT插件有很多种，常用的插件有3种，分别为：islide插件、onekey插件、PPT美化大师。islide插件，即便不懂得设计，也可以做出各类专业PPT文档。利用它可以一键统一字体、统一段落、统一色彩等；也可以高效智能化实现PPT页面中的图形布局和复制排列操作；还可以在任何地方使用Creative Commons CCO协议下的免费图片。除了以上介绍的3点，还有其他一些实用功能，大家自行下载便可了解，在此就不做详细介绍了。

⑫ 华丽型转场模式

华丽型转场动画比较常用。单单它这一种类型就有29种。例如"跌落"、"悬挂"、"溶解"、"蜂巢"、"棋盘"、"翻转"、"门"等等。它与细微型相比，其转场动画要相对复杂一些，且它的视觉效果更强烈。

1. 棋盘

2. 门

⑬ 动态内容转场模式

动态内容转场动画包括"平移"、"摩天轮"、"传送带"、"旋转"、"窗口"、"轨道"和"飞过"这7种转场效果。

知识加油站：onekeytool插件

之前向大家介绍了islide插件，这次就来向大家介绍一下onekeytool插件主要功能。①插入与导入功能：使用该插件可以一键插入正圆形或正方形，也可以将矢量图形以EMF的方式导入；②递进功能：该插件可以一键设置相同大小，一键从小到大、一键从大到小；③文本功能：虽然几个插件都能够统一设置文字，但OK插件有其独特的文本拆分和合并功能。

1. 传送带

2. 旋转

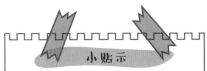

小贴示

在选择转场动画效果后，我们同样可以在"效果选项"列表中，设置转场模式；也可以在"计时"选项组中，对转场动画的"声音"、"持续时间"以及"换片方式"进行设置。

学习心得

　　这一课我们学习了PPT动画功能以及切换动画的应用操作。通过这一课的学习，大家考虑一下如何实现图表或流程图动画效果？尽情发挥自己的想象力吧！大家也可以到"德胜书坊"微信公号以及相关QQ群中分享你的制作心得，让我们给那些想要学好PPT的小伙们一些思路和启发吧！

_____

_____

_____

_____

_____

_____

_____

_____

_____

　　切记！动画可以丰富你的PPT内容，但切莫滥用动画，否则后果会很惨！

Chapter

08

来一次精彩的"演出"

读书对于智慧，
就像体操对于身体一样。

——爱迪生

PPT放映我做主

一般情况下只需按照常规方法播放就可以。但如果遇到其他的情况，例如在展示会或博物馆中，如何通过触摸屏来控制幻灯片？或是在一些节日庆典、婚礼上，如何让幻灯片根据你设定的程序自动播放？下面将对幻灯片放映的几种模式进行介绍。

⓪① 幻灯片放映模式

严格的来说PPT有4种放映类型，分别为演讲者放映、观众自行浏览、在展台浏览以及联机演示。大家需要根据当时的环境来选择相应的放映模式。

1. 演讲者放映

演讲者放映模式一般用在公众演讲、产品介绍、项目汇报等场合。在放映过程中，我们通常都是用鼠标、翻页器以及键盘来控制幻灯片的。该模式可分为单屏放映、双屏放映两种类型。

A. 单屏放映

顾名思义，单屏放映就是直接使用电脑屏幕来展示幻灯片。在播放幻灯片的过程中，如果我们要对该幻灯片的内容进行调整，直接按下Alt+Tab组合键打开PPT编辑视图即可。

修改完成后，想要继续播放幻灯片的话，只需按F5键或者单击放映窗口中的"重新开始幻灯片放映"按钮即可。

在放映的过程中，可以对幻灯片的内容添加墨迹标记。单击放映窗口左下角的"墨迹"按钮，在打开的快捷菜单中，选择一款墨迹的类型以及墨迹颜色。然后在幻灯片中进行标记即可。

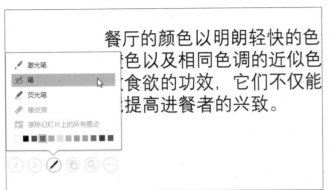

如果要对墨迹进行删除，我们可以重新单击"墨迹"按钮，在打开的快捷菜单中根据需要选择"橡皮擦"或者"擦除幻灯片上的所有墨迹"选项删除墨迹。

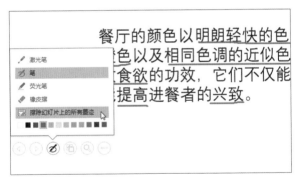

除此之外，在按Esc键退出放映窗口时，系统会打开提示框，询问"是否保留墨迹注释"，在此对话框中单击"放弃"按钮也可以删除所有墨迹。

除了进行墨迹的添加操作外，我们还可以对放映的幻灯片进行"多页浏览"以及"局部放大"操作。单击放映窗口左下角的"多页浏览"按钮，系统会立刻打开幻灯片浏览窗口，在此我们可以快速浏览其他幻灯片，单击其中一张幻灯片即可打开。

　　返回到放映窗口，在窗口左下角单击"局部放大"按钮⊕，可对当前幻灯片进行局部放大操作。

B. 双屏放映

　　为了能够将PPT演示的更好，通常会借助于投影仪进行操作。因为投影仪的大屏幕能够给观众带来视觉享受，同时还可以将放映窗口和演示者窗口分开。当我们在演示者窗口中进行操作时，就不会影响到放映窗口中的幻灯片。

上左图为正常放映窗口，上右图则为演示者窗口。在"幻灯片放映"选项卡中勾选"使用演示者视图"复选框就会打开演示者窗口。还可以在放映窗口中，单击左下角"更多"按钮，在打开的菜单列表中，选择"显示演示者视图"选项同样也可打开演示者窗口。

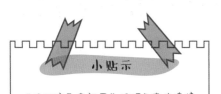

小贴示

"使用演示者视图"选项只有在连接了投影仪或其他显示器之后才有效。还有在连接其他显示设备时，记好一定要把显示器模式调整为扩展模式，这样才能启动双屏效果。

在演示者窗口中，不能对幻灯片进行编辑，只能对幻灯片的排练计时进行调整，或者对幻灯片添加一些必要的备注信息等。

2. 观众自行浏览

通常在一些展览馆、艺术馆、博物馆内会放置一台电子触摸屏，通过该屏幕可以了解到该场馆中的所有信息。而这些信息大多是以幻灯片方式显示。观众要想了解哪一部分信息，直接单击幻灯片中的相关按钮就可以了。在设置这类幻灯片的放映模式时，使用"观众自行浏览"模式是最合适的。

在"幻灯片放映"选项卡中，单击"设置幻灯片放映"按钮，在"设置放映方式"对话框中，单击"观众自行浏览（窗口）"单选按钮即可启动该模式。当按下F5键后，当前幻灯片就会以窗口形式放映。

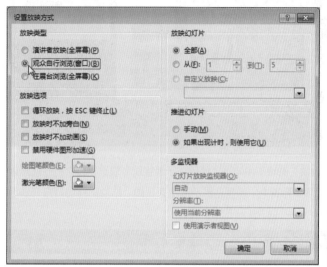

使用"观众自行浏览"模式放映的幻灯片更注重交互性。在开始制作幻灯片时，就需要添加大量的动作按钮、超链接以及一些触发动画，这样才能更好的与观众互动。

3. 展台浏览

在一些大型庆典上，通常都会先放一段宣传片，然后抛砖引玉，引出庆典主题。这类宣传片只需要预先设置好幻灯片每页的换片时间，就可以在无人操作的情况下自行播放了。那在哪里能够设置自动换片时间呢？选中任意一页幻灯片，在"切换"选项卡中的"计时"选项组中，勾选"设置自动换片时间"复选框，然后在其后的文本框中输入时间。时间一般为3~5秒。

如果每页的换片时间相同，可在"计时"选项组中单击"应用到全部"按钮，此时每页幻灯片就会按照设置好的时间自动换

片。但是也存在其他特殊情况，比如某些页面内容比较多就需要多停留一段时间。遇到这种情况最好的解决办法就是使用"排练计时"来记录每页幻灯片停留的时间。下面小德子将举例来介绍"排练计时"的操作方法。

Step 01 打开原始文件。单击"幻灯片放映"选项卡，在"设置"选项组中，单击"排练计时"按钮。

知识加油站：修改排练计时

如何在不重新录制的情况下修改排练计时呢？其具体操作方法是：选择要修改的幻灯片，在"切换"选项卡中的"计时"组中，重新设置"自动换片时间"参数。如果要统一修改成一样的时间，只需单击"应用到全部"按钮即可。

Step 02 系统会以全屏模式播放幻灯片。与此同时在幻灯片左上角会显示"录制"对话框。

Step 03 在该对话框中，可以控制该幻灯片停留时间。单击最左侧"下一项"按钮，可切换到下一页幻灯片。

Step 04 单击"暂停"按钮，可暂停计时。单击"继续录制"按钮即可继续计时。

Step 05 继续计时直到最后一页幻灯片。此时系统会打开提示对话框，提示"是否保留新的幻灯片计时"，单击"是"按钮，完成排练计时操作。

Step 06 单击操作界面右下角"幻灯片浏览"按钮,可打开浏览界面。在此我们可以看到在每页幻灯片右下角会显示刚刚设置的计时时间。如果想要删除排列计时,可在"幻灯片放映"选项卡中,单击"录制幻灯片演示"下拉按钮,从中选择"清除"选项,并在其级联菜单中,选择"清除当前幻灯片计时/清除所有幻灯片计时"选项。

Step 07 按下F5键即可查看排练计时效果。此时系统将会按照每页幻灯片的计时时间进行自动播放。

知识加油站:录制演示

如果想要在幻灯片中添加一些解说,可以使用"录制演示"功能。准备好话筒,然后在"幻灯片放映"选项卡中,单击"录制幻灯片演示"按钮,在打开的录制界面中,单击"录制"按钮就可以录制旁白了。

4. 联机演示

如果要将PPT文件共享给在外地的领导或同事观看，可使用联机演示模式。在"幻灯片放映"选项卡中，单击"联机演示"按钮，在打开的页面中单击"连接"按钮，进入联机状态。稍等片刻系统会提供一个网址链接，将这个链接发送给你的领导或同事，他们只需在他们的电脑中粘贴网址即可同步观看。

02 放映幻灯片

放映幻灯片的操作很简单，只需要在"幻灯片放映"选项卡中，单击"从头开始"或"从当前幻灯片开始"按钮就可以了。如果在放映过程中不想显示PPT中的某些内容，该怎么办？好办，使用"自定义幻灯片放映"功能不就得了。下面将以PPT达人制作的《大鱼·海棠》电影宣传片为例，来介绍自定义放映的操作。

Step 01 打开原始文件。在"幻灯片放映"选项卡中，单击"自定义幻灯片放映"按钮，打开相应的对话框。

Step 02 单击"新建"按钮，在"定义自定义放映"对话框的"幻灯片放映名称"文本框中，输入新名称。然后在"在演示文稿中的幻灯片"列表中，勾选需要展示的幻灯片。

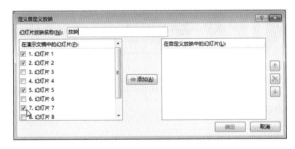

Step 03 单击"添加"按钮，此时被选中的幻灯片已添加到"在自定义放映中的幻灯片"列表中。在该列表中，我们还可以单击右侧按钮，对列表中幻灯片顺序进行调整或删除幻灯片。

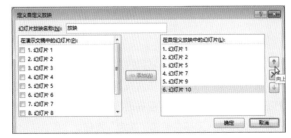

Step 04 调整完成后，单击"确定"按钮，返回到上一层对话框。单击"放映"按钮即可进行放映。在此，我们还可以对刚设置的自定义放映操作进行修改，只需在该对话框中，单击"编辑"按钮，在打开的对话框中进行相应的操作即可。

Step 05 我们还可以在"幻灯片放映"选项卡中，单击"自定义幻灯片放映"下拉按钮，在下拉列表中，选择"放映"选项放映自定义的幻灯片。

CHAPTER 08 来一次精彩的"演出"

呈现多样性的PPT

如何为PPT加密，如何将PPT输出成图片、视频或着放映模式？这些问题在实际操作中都会遇到，下面小德子就和大家来说道说道。

ⓞ 保护好你的PPT

辛辛苦苦做出来的PPT，肯定不希望被别人随意改动。这时就需要对你的PPT加以保护。下面将介绍具体操作。

1. 加密PPT

对PPT进行加密是最常用的方法。加密后，只有得知密码的人才能浏览PPT内容。

打开所需PPT文件，依次按下键盘中的Alt键和F键，可快速打开该PPT"信息"界面。单击"保护演示文稿"下拉按钮，在打开的列表中，选择"用密码进行加密"选项，在"加密文档"对话框中，输入密码，单击"确定"按钮后，在"确认密码"对话框中重新输入密码并单击"确定"按钮。

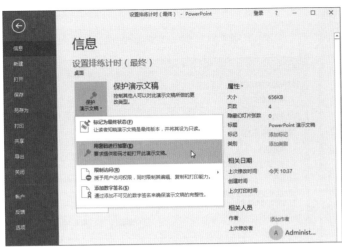

密码设置好后，在"信息"页面中就会提示"打开此演示文稿时需要密码"信息。当下次打开该PPT文件时，会打开"密码"对话框，输入密码后才可以查阅该PPT。

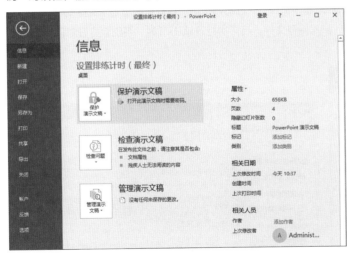
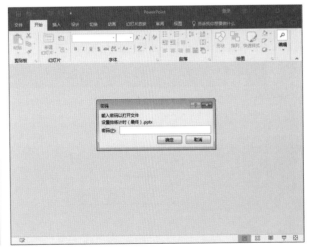

如果想要取消密码保护的话，先进入文件，将文件另存为，打开"另存为"对话框，单击"工具"下拉按钮，选择"常规选项"，然后再打开的对话框中，删除"打开权限密码"文本框中的密码，单击"确定"按钮即可取消密码。

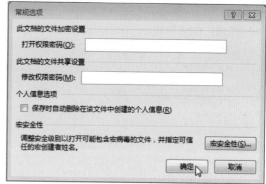

2. 对PPT限制编辑

使用这种方法时,别人能够以只读的方式浏览文档,但不能修改文档。如果要修改,必需要知道修改密码才行。

打开"另存为"对话框,单击"工具"下拉按钮,选择"常规选项",在打开的对话框的"修改权限密码"文本框中,输入密码,单击"确定"按钮,并在"确认密码"对话框中,再次输入密码保存文件。当再次打开该PPT时,系统会打开对话框提示要输入密码,在此单击"只读"按钮可进入只读状态。

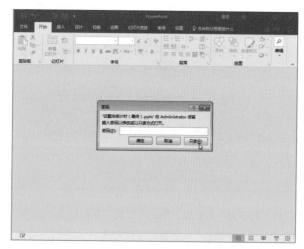
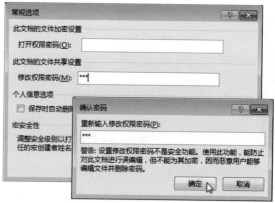

进入只读状态后，无论是选择图片还是文字，功能区中的所有命令都无法使用。这样也就避免了别人恶意修改你的文件。

3. 将PPT保存为PDF格式

除了以上两种方法外，还可以将PPT保存为PDF格式，将PDF格式的PPT发给别人，也可以有效避免别人恶意篡改文件。

依次按下键盘上的Alt键、F键、A键和O键，打开"另存为"对话框。单击"保存类型"下拉按钮，在下拉菜单中，选择"PDF"选项，单击"保存"按钮，如果你的计算机中安装了PDF阅读器，稍等片刻系统会以PDF格式打开该PPT文件。

小贴示

取消限制编辑的方法与取消加密操作的方法相同。只需在"常规选项"对话框中删除其密码即可。提醒一句，无论是取消限制编辑还是取消加密，最后别忘了保存文件哦！

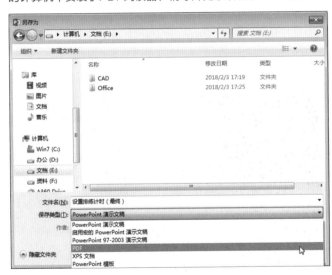

② PPT输出的奥秘

目前PPT2016版本可以保存的格式多达20多种。我们只需根据需要选择相应的文件格式就好。下面就来介绍几种常用PPT输出格式。

1. 将PPT生成图片格式

将PPT输出成图片格式的话，可以有效避免PPT版式跑版的情况。在"保存类型"下拉列表中，有8种图片格式的保存类型。分别为GIF格式、JPEG格式、PNG格式、TIFF格式、位图格式、图元文件、增强型Windows元文件以及PowerPoint图片演示文稿。我们只需根据需要选择其中一种格式保存即可。

其中前7种格式保存后都需要借助于图片查看器或其他相关软件才能打开，而最后"PowerPoint图片演示文稿"还是以PPT默认格式保存，所不同的是保存后的PPT，它每一页幻灯片都是以图片的形式来显示的。

2. 将动态PPT生成视频格式

将精彩的动态PPT转换成视频格式，好让观众享受到一场真正地视觉盛宴。在"保存类型"列表中有2种视频格式，分别为MP4格式和WMV格式。大家可以根据需要选择相应的视频格式。

3. 保存PPT放映格式

在"保存类型"列表中有3种PPT放映格式。分别为：PowerPoint放映、启用宏的PowerPoint放映以及PowerPoint 97-2003放映。根据需要选择任意一种放映类型，当再次打开该PPT文件时，系统就会直接放映PPT。如果要对其文件进行编辑或修改，就需要先启动PowerPoint软件，然后从中打开该PPT进行编辑。

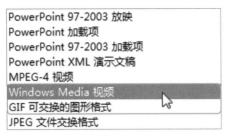 

⑱ 没有Office，也能放PPT

在没有安装Office软件的电脑中，该如何查看PPT文件呢？也许有人会回答："将它保存为图片或者PDF格式，不就OK了！"对，这是个办法，但是将PPT保存为PDF文件后将无法放映，只能一页一页地浏览，而且音、视频文件也会丢失。在此小德子教你们一招，将PPT"打包成CD"就解决问题了。该功能可以将PPT中所有的素材文件一起打包成一个文件夹，这样可避免文件丢失和PPT不能播放的情况。下面将以过场动画为例，来介绍具体的操作步骤。

Step 01 打开PPT文件。单击"文件"选项卡，选择"导出"选项，在右侧文件列表中，选择"将演示文稿打包成CD"选项，并单击"打包成CD"按钮。

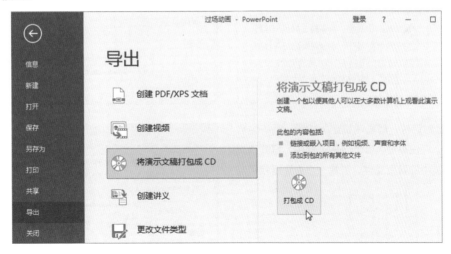

Step 02 在对话框的
"将CD命名为"文
本框中，重新命名
文件，然后单击
"复制到文件夹"
按钮。

小贴示

对于不能自动打包的文件，我们可单击
"添加"按钮进行添加操作。如果电
脑上没有刻录机，可单击"复制到文
件夹"按钮进行打包。

Step 03 在"复制到文件夹"对话框中，单击"浏览"按钮，
打开"选择位置"对话框。设置好文件保存位置，并单击"选
择"按钮。

知识加油站：PPT打包的好办法

PPT 2010版之前，使用"打包成CD"功能，会将播放器也一起打
包，但从2010版开始就不支持播放器打包了，大家只能自行下载一
个PPT播放器。所以目前最好的办法就是刻录CD，或者把CD文件
复制到U盘中，记好一定要把播放器一同复制进去。

Step 04 返回到上一层对话框，单击"确定"按钮。系统会自
动打开相应的文件夹。在没有安装Office的电脑中，打开该文
件，双击第一个文件夹中的网页文件，下载一个查看器就可以
观看此PPT文件了。

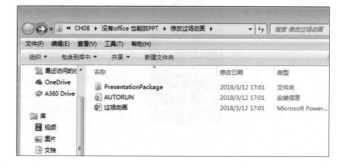

QUESTION

学习心得

　　这一课我们学习了PPT放映及输出的操作技巧。通过这一课的学习，大家有什么样的心得体会，欢迎大家到"德胜书坊"微信公号以及相关QQ群中进行分享，也让我们给那些想要学好PPT的小伙们一些思路和启发吧！

_____

_____

_____

_____

_____

_____

_____

_____

_____

_____

　　最后，整理好发型，调整好行头，给自己一个坚定而自信的眼神……1.2.3开始演讲！

+ PPT 达人速成记

简笔画

呆萌

不一样的
职场生活

德胜书坊 著

中国青年出版社

图书在版编目（CIP）数据

PPT 达人速成记＋呆萌简笔画 / 德胜书坊著. — 北京: 中国青年出版社, 2019.1
（不一样的职场生活）
ISBN 978-7-5153-5334-0
I.①P … II.①德… III. ①图形软件 IV. ①TP391.412
中国版本图书馆CIP数据核字（2018）第228595号

不一样的职场生活——
PPT 达人速成记 + 呆萌简笔画

德胜书坊 著

出版发行: 中国青年出版社
地　　址: 北京市东四十二条21号
邮政编码: 100708
电　　话: （010）50856188／50856199
传　　真: （010）50856111
企　　划: 北京中青雄狮数码传媒科技有限公司
策划编辑: 张　鹏
责任编辑: 张　军
封面设计: 张旭兴
印　　刷: 北京凯德印刷有限责任公司
开　　本: 889 x 1194 1/24
印　　张: 10
版　　次: 2019年3月北京第1版
印　　次: 2019年3月第1次印刷
书　　号: ISBN 978-7-5153-5334-0
定　　价: 59.90 元
　　　　　（附赠独家秘料, 获取方法详见封二）

本书如有印装质量等问题, 请与本社联系
电话: （010）50856188 / 50856199
读者来信: reader@cypmedia.com
投稿邮箱: author@cypmedia.com
如有其他问题请访问我们的网站: http://www.cypmedia.com

呆萌简笔画

PPT 达人速成记

序言 Preface
为你的职场生活
添上色彩!

本系列图书所涉及内容

职场办公干货知识+简笔画/手帐/手绘/健身,
带你体验不一样的职场生活!

《不一样的职场生活——Office达人速成记+工间健身》

《不一样的职场生活——PPT达人速成记+呆萌简笔画》

《不一样的职场生活——Excel达人速成记+旅行手帐》

《不一样的职场生活——Photoshop达人速成记+可爱手绘》

更适合谁看?

想快速融入职场生活的职场小白,速抢购!

想进一步提高,但又不愿报高价培训班的办公老手,速抢购!

想要大幅提高办公效率的加班狂人,速抢购!

想用小绘画丰富职场生活但完全零基础的手残党,速抢购!

本系列图书特色

市面上办公类图书都会有以下通病:

理论多,举例少——讲不透!

解析步骤复杂、冗长——看不明白!

本系列书与众不同的地方:

多图,少文字——版式轻松,文字接地气!

从实际应用出发,深度解析——超级实用!

微信+腾讯QQ——多平台互动!

干货+手绘/简笔画——颠覆传统!

附赠资源有什么?

你是不是还在犹豫,这本书到底买的值不值?

非常肯定地告诉你:六个字,值!超值!非常值!

简笔画/手帐/手绘内容将以图片的形式赠送,以实现"个性化"定制;

Word/Excel/PPT专题视频讲解,以实现"神助攻"充电;

更多的实用办公模板供读者下载,以提高工作效率;

更好的学习平台(微信公众号ID:DSSF007)进行实时分享!

更好的交流圈(QQ群:498113797)进行有效交流!

系列书使用攻略

德胜书坊

在看什么，笑得这么开心？

不一样的职场生活

这本书很有趣！讲解了更多的办公干货，还附赠了简笔画教程。

职场办公干货知识

Excel PS PPT Word

＋

简笔画
呆萌人物、Q版表情、手帐元素

＝

不一样的职场生活

办公知识超实用，办公效率大大提高！

简笔画呆萌可爱，可以放松心情～♪♫♪

不一样的职场生活系列丛书共有四本

Office办公达人速成记＋工间健身

PPT达人速成记＋萌简笔画

Photoshop达人速成记＋可爱手绘

Excel数据分析达人速成记＋旅行手帐

真是给我这种职场小白指明了方向！

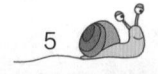

目录
CONTENTS

第1课

痛苦并快乐着的 —— 职场元素

跟着小德子一起学画画，手绘的一些小图案将枯燥
无味的日常工作笔记，变得有趣生动，一目了然。
本节课的这些简笔画简单易学，变化多样。让我们
从最基础又实用的办公物件开始画起吧。

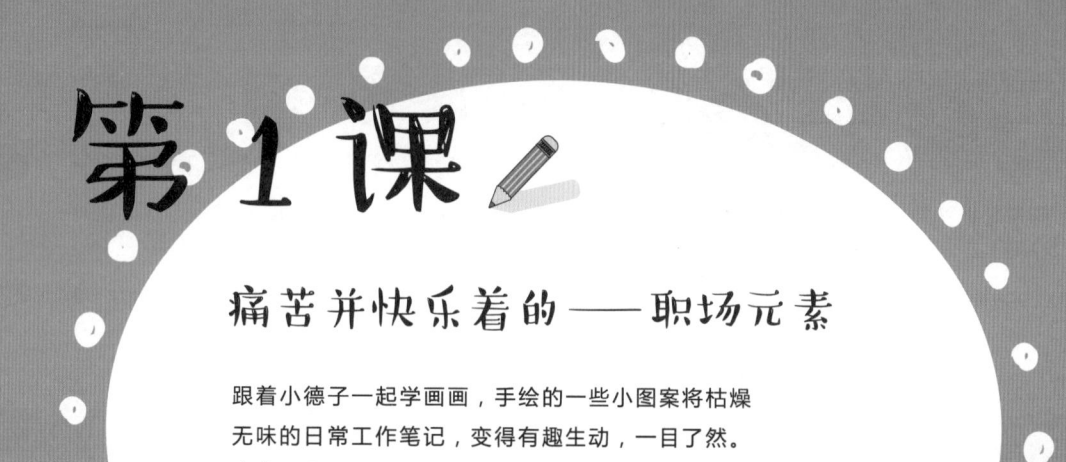

生活中常见的办公用品经过画笔简单的勾绘＋填色，也会变得十分可爱哦！

01 文具用品

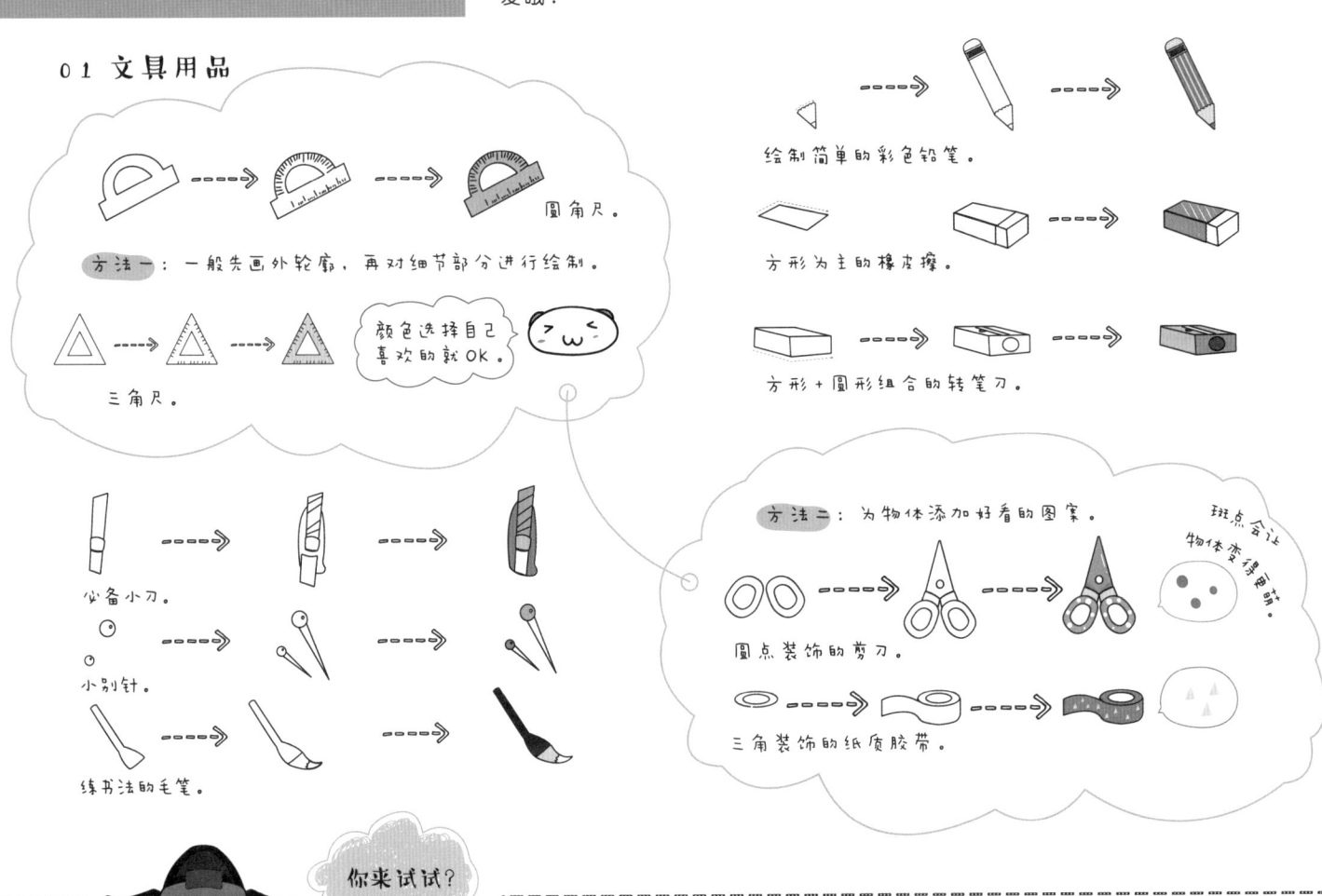

圆角尺。

方法一：一般先画外轮廓，再对细节部分进行绘制。

颜色选择自己喜欢的就OK。

三角尺。

绘制简单的彩色铅笔。

方形为主的橡皮擦。

方形＋圆形组合的转笔刀。

必备小刀。

小别针。

练书法的毛笔。

方法二：为物体添加好看的图案。

斑点会让物体变得更有趣。

圆点装饰的剪刀。

三角装饰的纸质胶带。

你来试试？

02 绘画用品

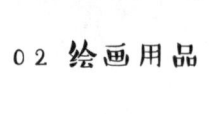

小技巧:
在画复杂的图案时应该从相对较大的形状入手。

颜料

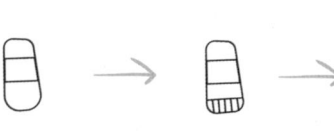

方法: 首先画出颜料主体, 增加纹路, 画上商标绘制完成。

画笔

方法: 先画出笔的笔头, 再画出笔杆, 加上各种各样的画笔是不是很棒。

其它颜料的画法

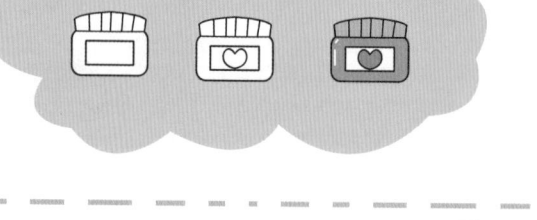

绘制曲线的技巧

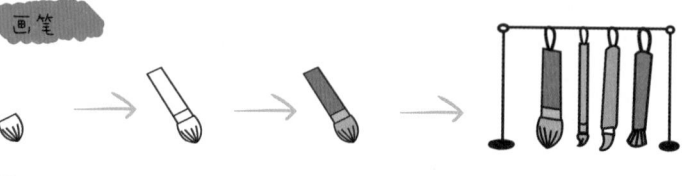

起点 终点 起点 终点

起点 终点 起点 终点 起点

曲线形态的变化。

波浪样式。

多多练习才能更好的掌握。

你来试试?

03 电子产品

MP3。

耳机简单绘制。

笔记本电脑。

几根线条代表按键。

游戏机。

白线条体现反光。

摄像头。

注意摄像头de绘制。

头戴式无线耳机。

一条线+2个圈。

电视机。

可添加装饰图案。

手提式收音机。

注意手把的绘制。

大型音箱。

适当绘制反光线条。

小音响。

电脑小音响。

照像机。

掌握相机的特点。

你来试试？

12

04 职场工作元素

办公室
门牌。

卡通标签贴。

便利贴。

文件夹板。

信封。

坐标旗。

数据展示。

柱形图。

折线图。

工作中常用的符号

你来试试？

2. 各司其职的职场人

生活中常常会遇见形形色色的工作人员，有热情的、严肃的、质朴的、低调的等等，学会简笔画把这些可爱的人画下来~

01 勤劳的园丁 —— 教师

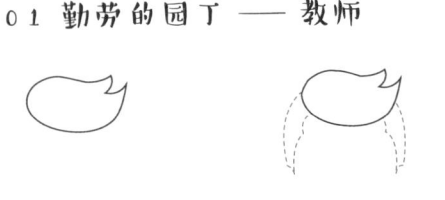

绘制顶部头发。

绘制两侧头发。

绘制脸型及耳朵。

绘制脸部五官。

绘制脖子。

小伙伴可以不按照步骤绘制哦。

绘制衣领。

绘制领带。

绘制西装的领子。

绘制西装上衣。

绘制西装裤子。

绘制鞋子。

绘制纽扣。

绘制口袋。

教师绘制完成。

上色之后

14

02 美食创造者 —— 厨师

 绘制帽子形状。

 绘制帽子顶部。

绘制脸型。

 绘制脸部。

 绘制围脖。

 开始绘制厨师服。

绘制袖子。

 绘制手臂与餐盘。

绘制右侧袖子。

绘制右侧手臂。

 厨师绘制完成。

 你来试试？

完成上色。

15

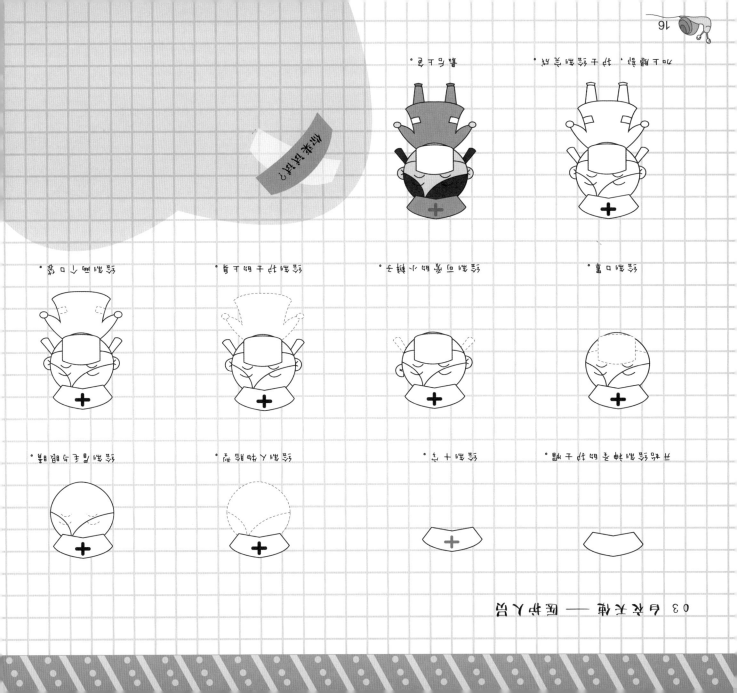

04 用镜头留住你的美 —— 摄影师

绘制帅气的发型。

绘制摄影师的脸型。

绘制英俊的眉毛。

绘制眼睛及耳朵。

绘制鼻子、嘴巴、胡子。

绘制时尚围巾。

绘制服装及相机外形。

闪光灯效

绘制纽扣及相机细节、手指。

绘制裤子。

绘制脚部。

上色完成。

你来试试？

   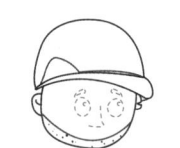

绘制安全帽。　　绘制头部轮廓。　　绘制胡子。　　绘制五官。

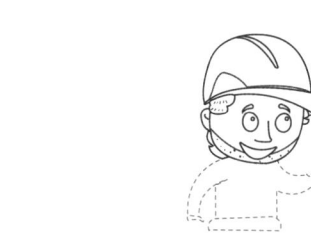 

绘制头发。　　绘制身体。　　绘制手部及铁锤。　　绘制衣服细节。

  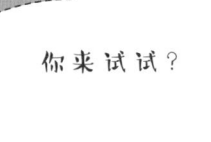

你来试试？

绘制腿部及脚部。　　上色完成。

耐心 ＋ 细心 ＝ 好作品 ♥♥

06 安全卫士 —— 公安系统人员

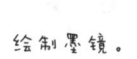

绘制墨镜。

绘制头发与帽檐。

绘制帽带。

绘制帽子顶部。

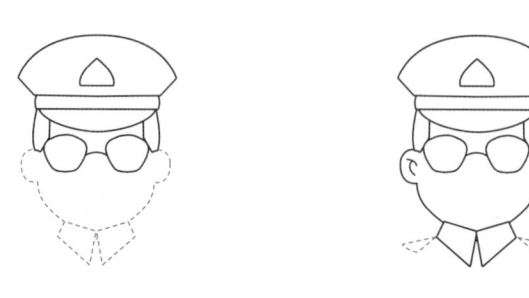

绘制脸部及衣领。

绘制警徽。

绘制胡子。

绘制腰带。

绘制裤子。

绘制强壮的手臂。

绘制脚部。

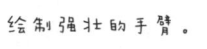

你来试试？

07 企业管理者 —— 霸道总裁

绘制头发。

绘制脸部轮廓。

绘制面部表情。

绘制衣领。

绘制上衣。

绘制组扣。

绘制领带。

绘制裤子。

绘制鞋子。

上色完成。

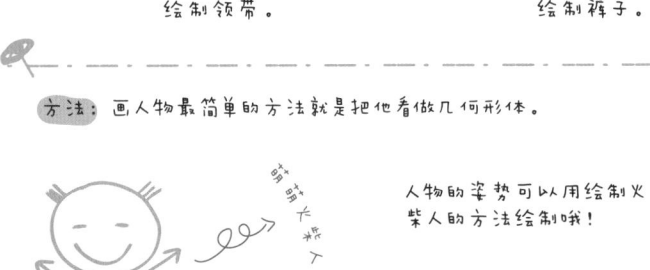

方法：画人物最简单的方法就是把他看做几何形体。

人物的姿势可以用绘制火柴人的方法绘制哦！

3. 时而忧伤，时而兴奋的职场表情

学会绘制头像中的表情，无论男女老少，我们都可以将他们绘制的萌萌哒。

01 常用表情 —— 工作中的表情

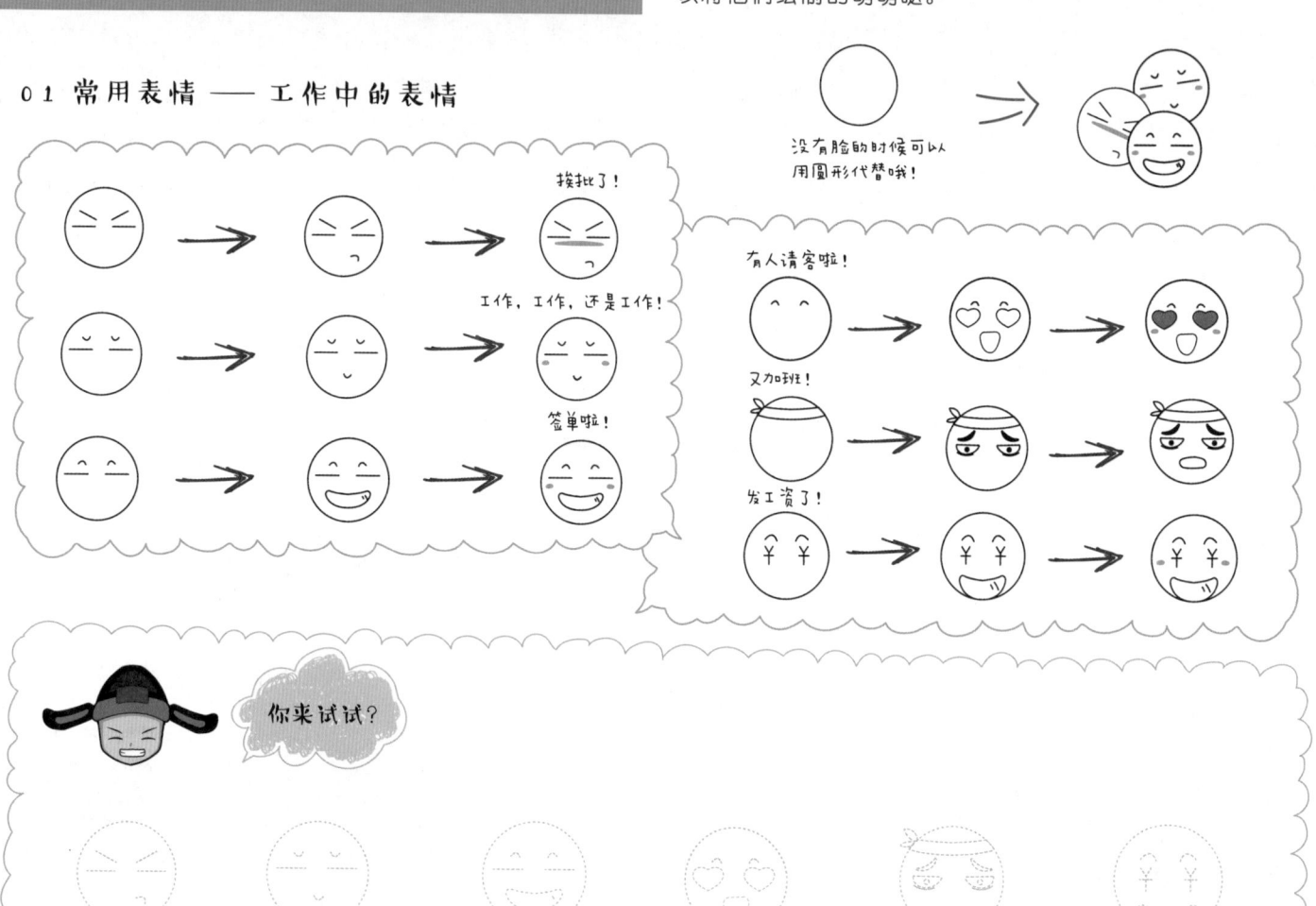

没有脸助时候可以用圆形代替哦！

挨批了！

工作，工作，还是工作！

签单啦！

有人请客啦！

又加班！

发工资了！

你来试试？

可以跟着虚线部分一起描绘哦！

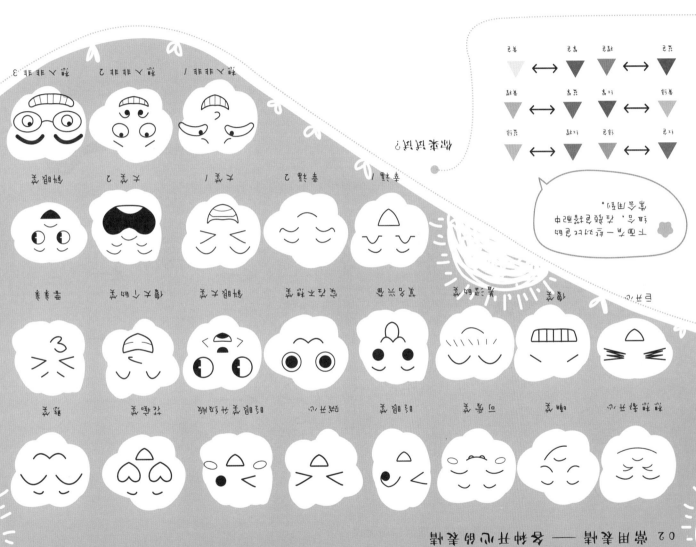

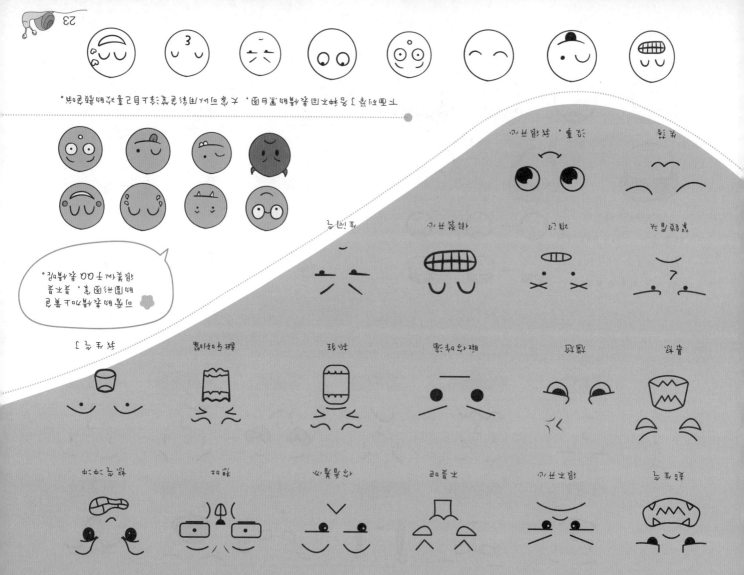

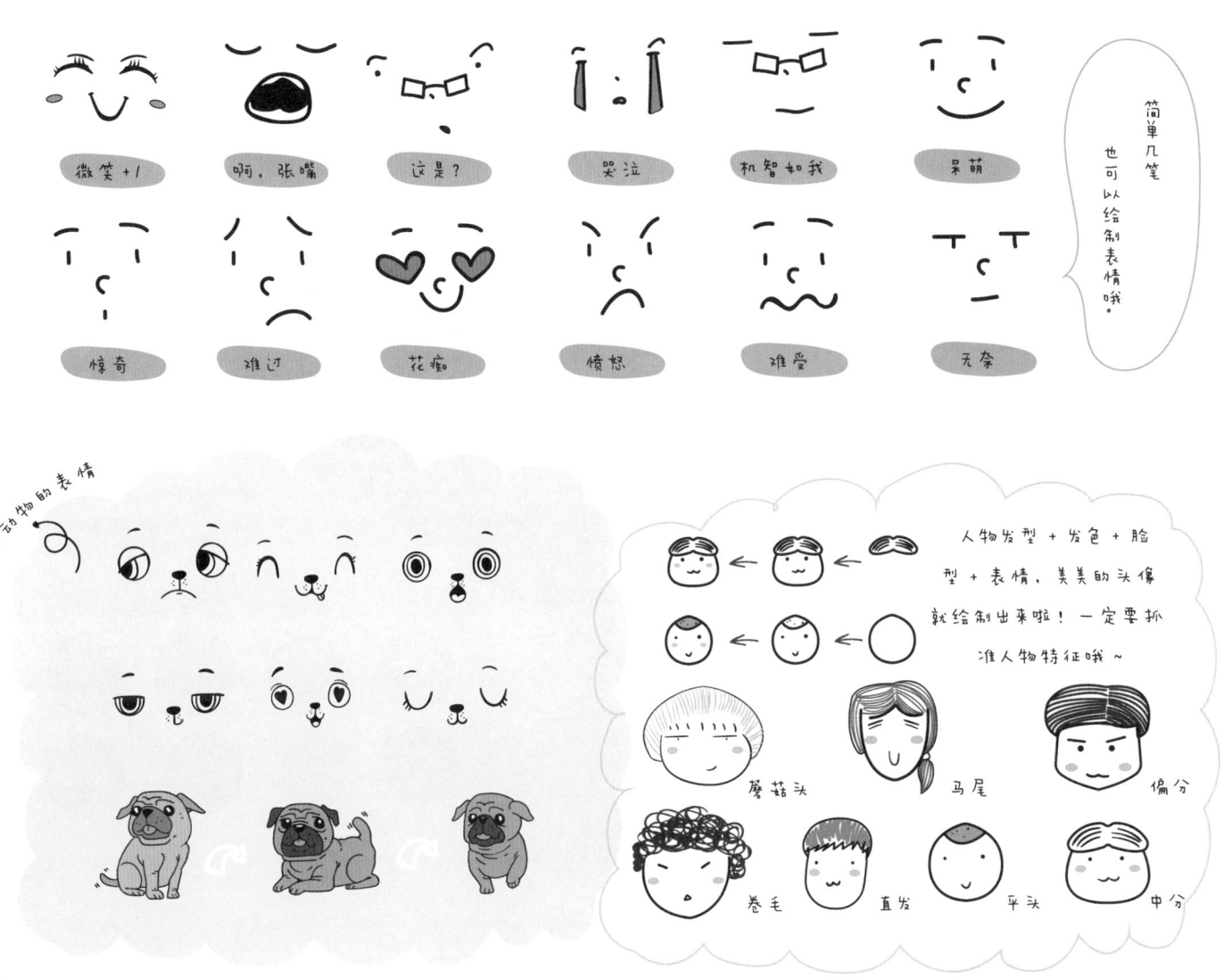

微笑+1

啊，张嘴

这是？

哭泣

机智如我

呆萌

简单几笔也可以绘制表情哦。

惊奇

难过

花痴

愤怒

难受

无奈

小动物的表情

人物发型+发色+脸型+表情，美美的头像就绘制出来啦！一定要抓准人物特征哦～

蘑菇头

马尾

偏分

卷毛

直发

平头

中分

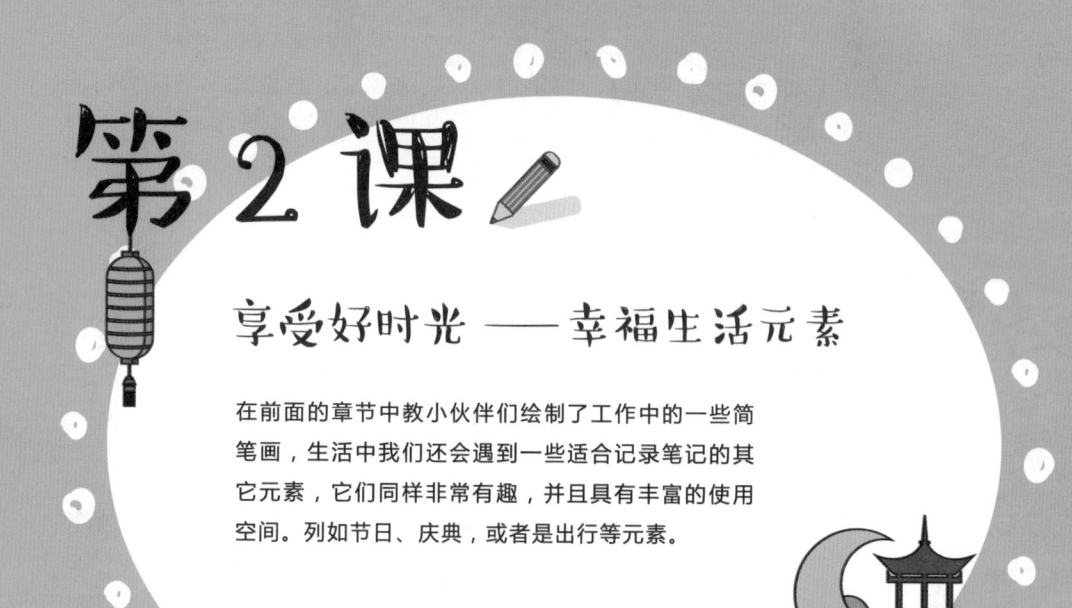

第 2 课

享受好时光 —— 幸福生活元素

在前面的章节中教小伙伴们绘制了工作中的一些简笔画，生活中我们还会遇到一些适合记录笔记的其它元素，它们同样非常有趣，并且具有丰富的使用空间。列如节日、庆典，或者是出行等元素。

1. 传统节假日

中国有很多的传统节日，如阖家欢乐的春节、温馨浪漫的七夕、银盘高挂的中秋、张灯结彩的元宵节等。

01 恭贺新禧 —— 新年

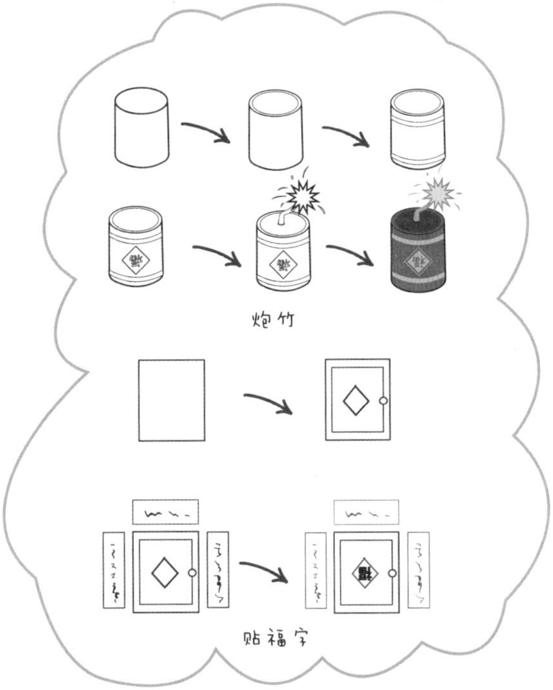

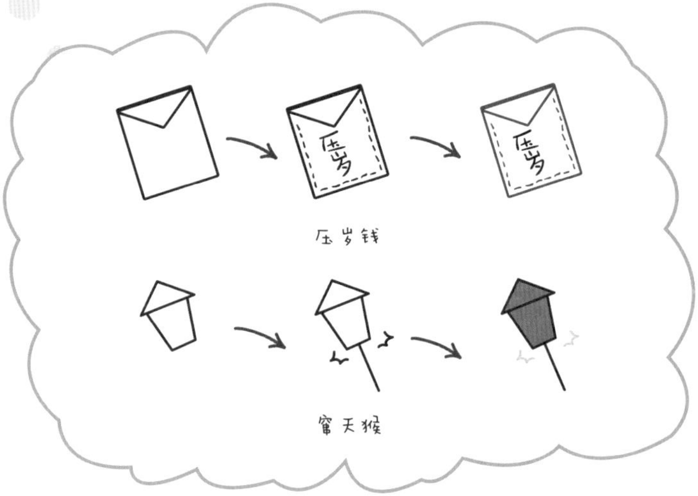

炮竹

压岁钱

贴福字

窜天猴

要点一：抓住特征，将复杂的物体拆分观察，概括大致轮廓。

要点二：将小细节化繁为简。

新年小物品

糖盒　　贴纸　　牛奶糖　　饺子　　烟花　　礼盒

02 粽子节 —— 端午

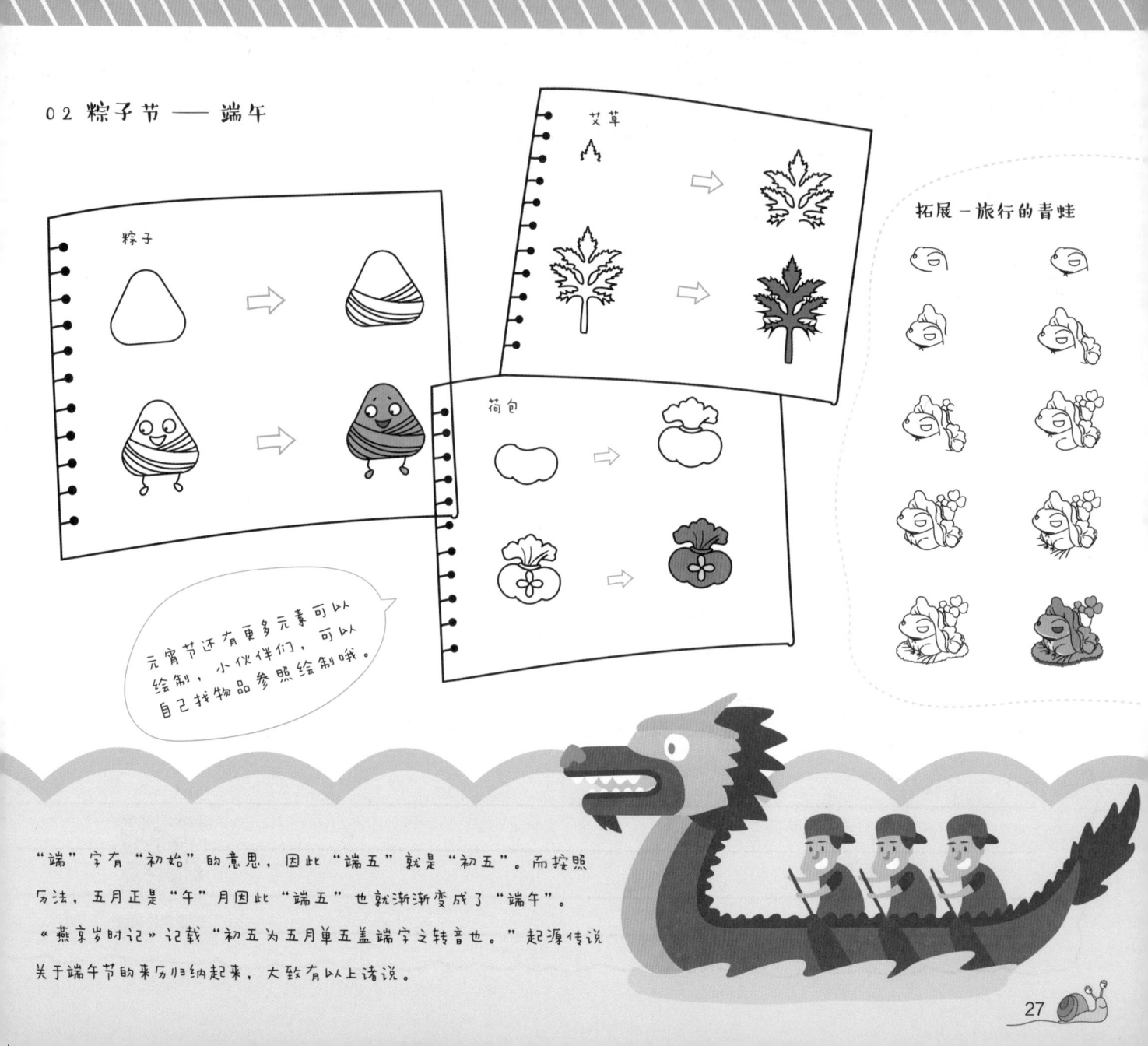

粽子

艾草

荷包

拓展－旅行的青蛙

元宵节还有更多元素可以绘制，小伙伴们，可以自己找物品参照绘制哦。

"端"字有"初始"的意思，因此"端五"就是"初五"。而按照历法，五月正是"午"月因此"端五"也就渐渐变成了"端午"。

《燕京岁时记》记载"初五为五月单五盖端字之转音也。"起源传说关于端午节的来历归纳起来，大致有以上诸说。

扫描观看视频演练

写给亲爱的TA：

爱心

kiss

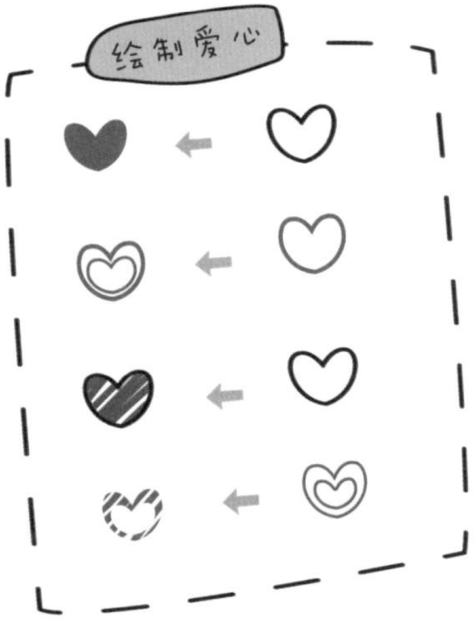

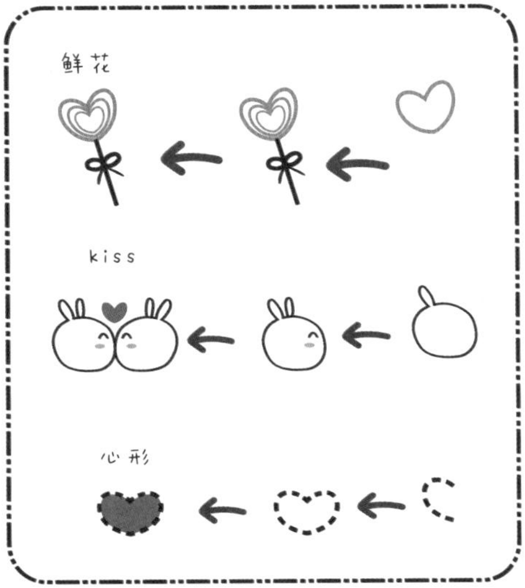

玫瑰

羞羞

求爱

害羞呢

表白

给我的爱心

08 中国情人节 —— 七夕

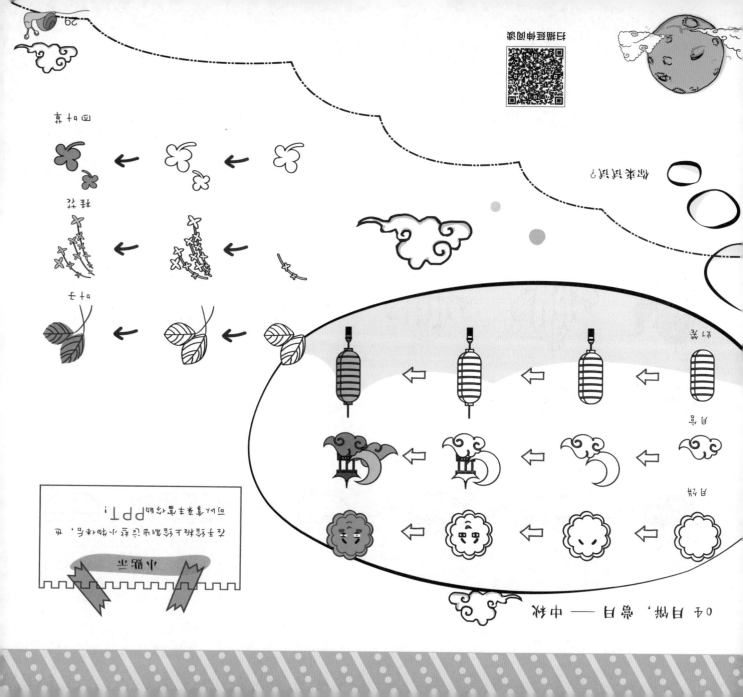

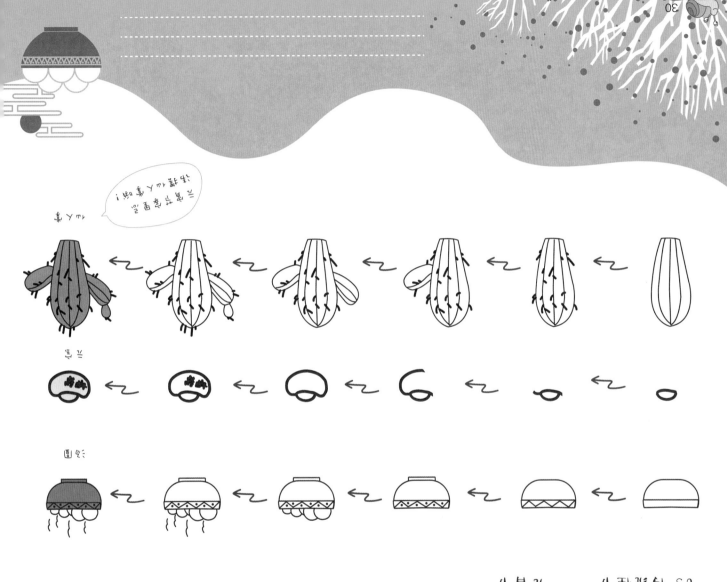

小人参

三七

汤圆

05 你要健康 —— 元宵节

国际上有很多的特殊且非常重要的节日，比如父情节、母情节、植树节、儿童节等，可以通过手绘的方式记录这天中的重要的时刻。

01 生日纪念

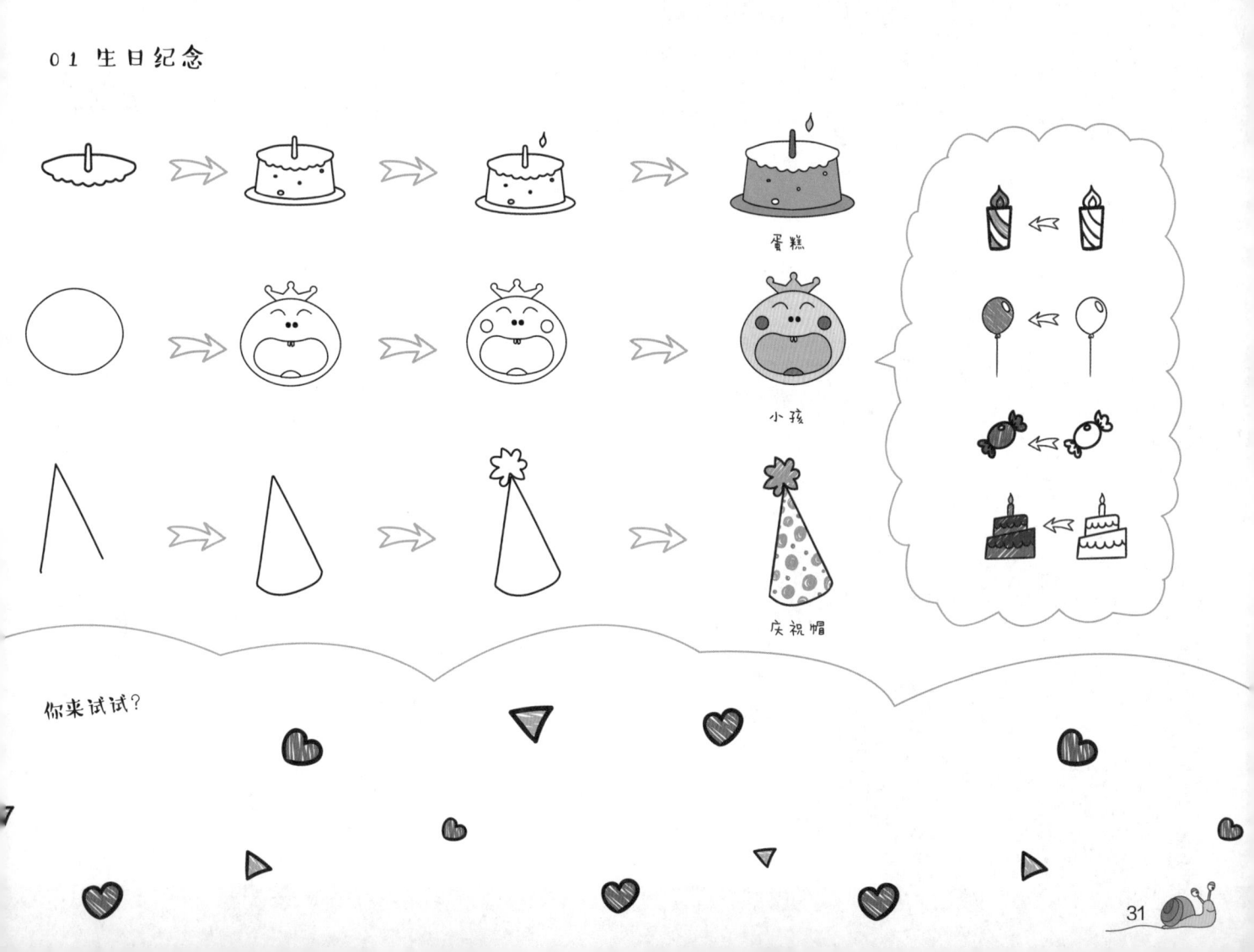

蛋糕

小孩

庆祝帽

你来试试？

03 我最爱的父母 —— 父亲节

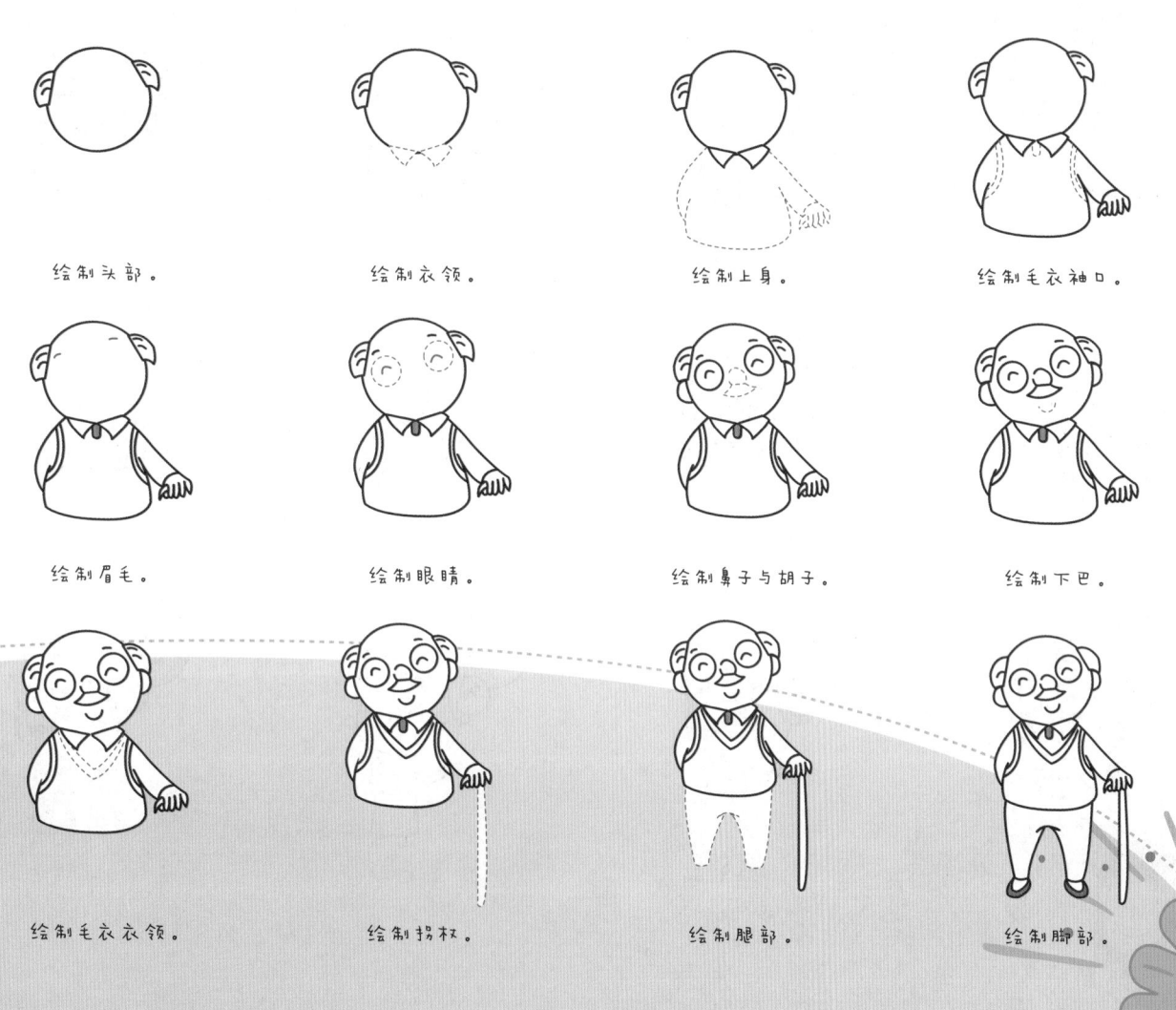

绘制头部。

绘制衣领。

绘制上身。

绘制毛衣袖口。

绘制眉毛。

绘制眼睛。

绘制鼻子与胡子。

绘制下巴。

绘制毛衣衣领。

绘制拐杖。

绘制腿部。

绘制脚部。

方法：抓住父母的明显特征，并找一套父母经常穿的衣服，这样画出来的人物一眼就能认出哦～

没有皱纹的妈妈超年轻。

绘制脸部轮廓记得留空哦。

绘制耳朵，还有首饰。

绘制丸子发型。

绘制面部表情。

画上皱纹才会显老哦。

绘制身体和右侧手臂。

绘制左侧手臂。

绘制妈妈的大手。

画上毛衣纹理。

画上裙子。

画上双脚。

上色完成。

Mother's Day

绘制自己父母的头像试试?

05 永远做个孩子 —— 儿童节

方法：绘制宝宝的时候线条一定要饱满，体现出圆润的感觉。

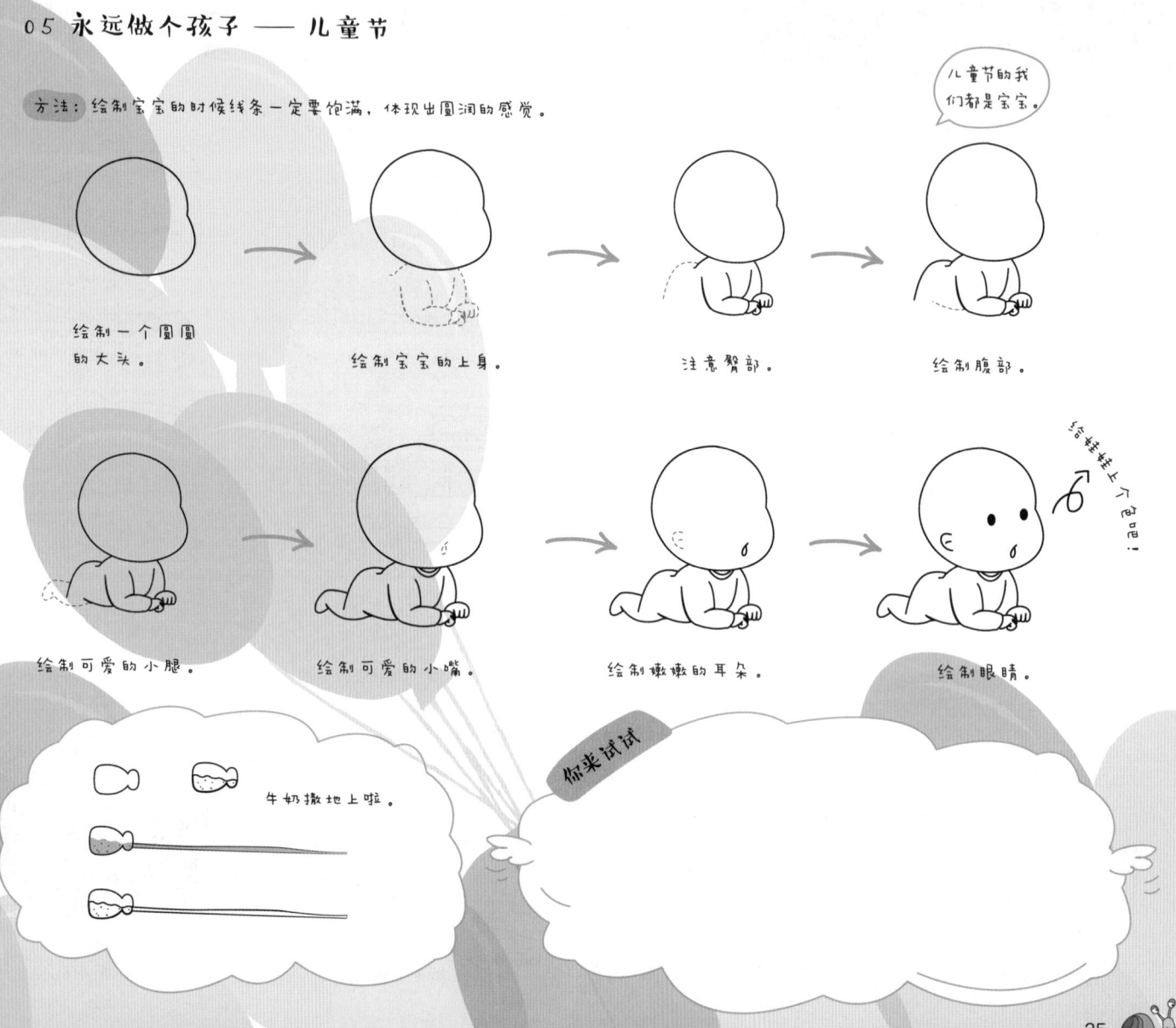

儿童节的我们都是宝宝。

绘制一个圆圆的大头。

绘制宝宝的上身。

注意臀部。

绘制腹部。

绘制可爱的小腿。

绘制可爱的小嘴。

绘制嫩嫩的耳朵。

绘制眼睛。

给娃娃画上个气球吧！

牛奶撒地上啦。

你来试试

3. 爱上出行——交通工具

出去走走看看，改变自己的心情，你会发现世界的美景如此的美好。如果出行你会选择什么工具呢？飞机、火车、坐船？

01 电车

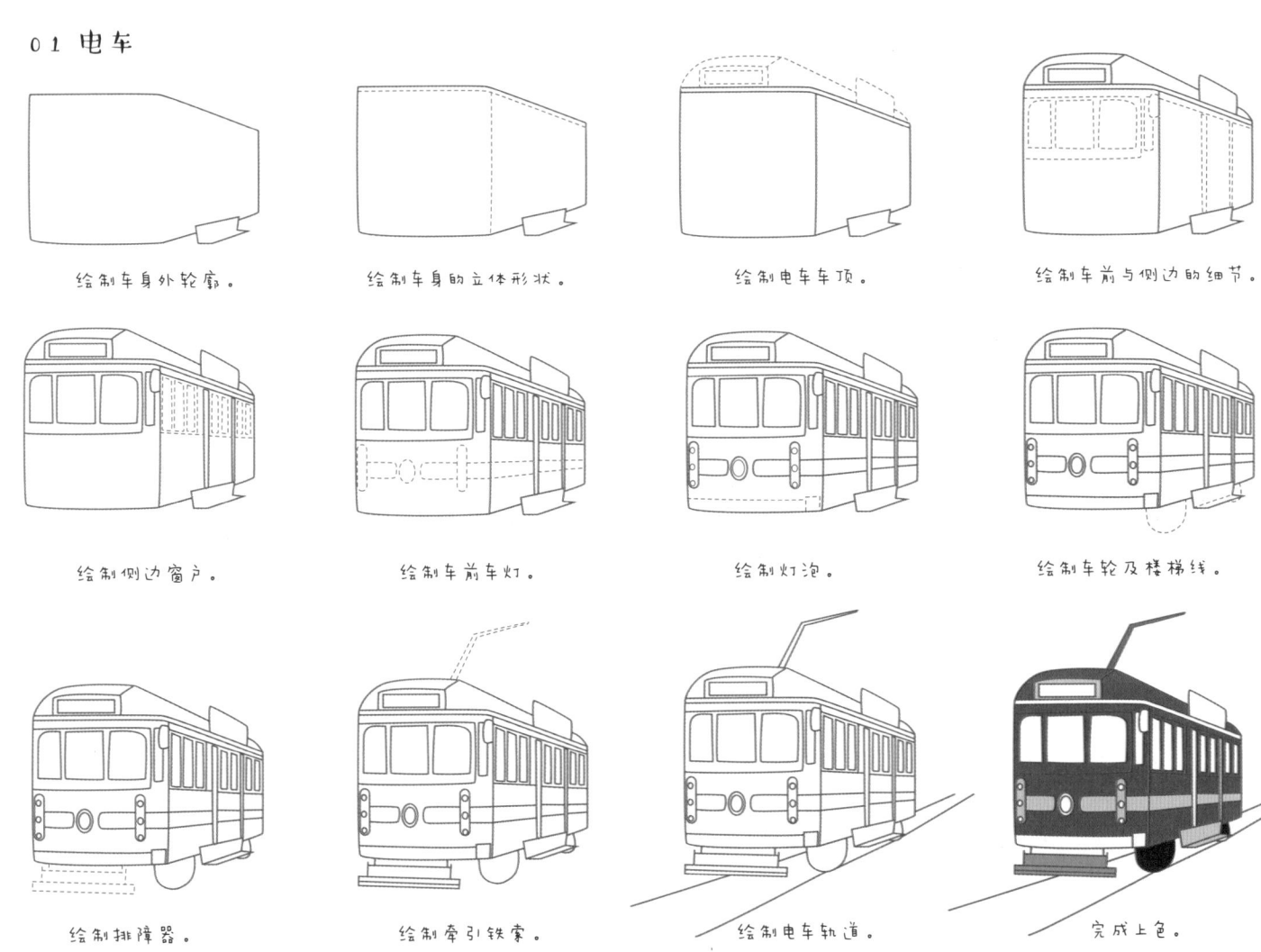

绘制车身外轮廓。

绘制车身的立体形状。

绘制电车车顶。

绘制车前与侧边的细节。

绘制侧边窗户。

绘制车前车灯。

绘制灯泡。

绘制车轮及楼梯线。

绘制排障器。

绘制牵引铁索。

绘制电车轨道。

完成上色。

02 轮船

绘制船体。 绘制船体上层。 绘制船体上第二层。 绘制通信导航设备。

绘制船体立体感。 绘制船体窗户。 继续绘制船体窗户。 完成上色。

03 滑板

绘制滑板轮廓。 绘制滑板车轮。 绘制滑板上装饰图案。 完善装饰图案。 完成上色。

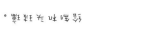

涂上颜色。 添加机头的部分。 添加机头和机翼。 添加机身。

添加另一侧机翼。 添加机翼、画出窗户。 添加另一侧机翼。 添加机身的轮廓。 添加机翼。

05 飞机

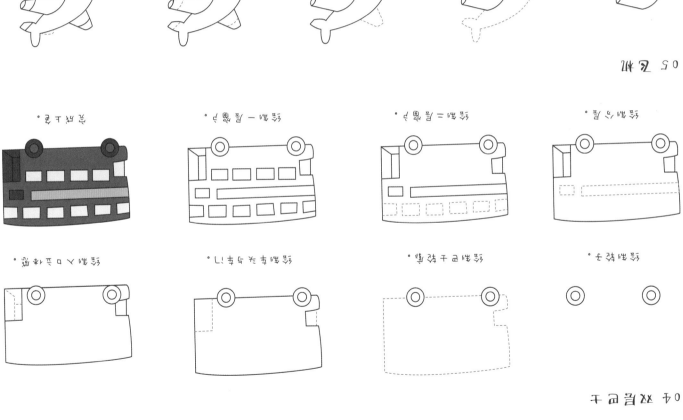

涂上颜色。 添加一层窗户。 添加二层窗户。 添加车灯。

添加出入口和车窗。 添加车身左右。 添加车顶轮廓。 添加轮子。

04 双层巴士

06 帆船

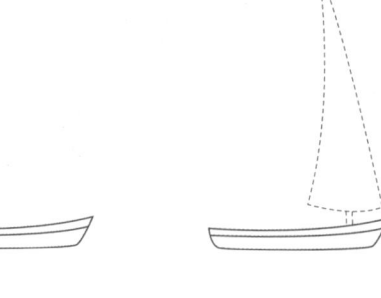 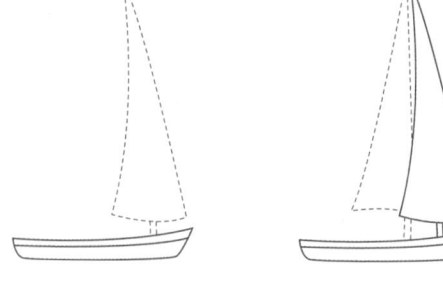 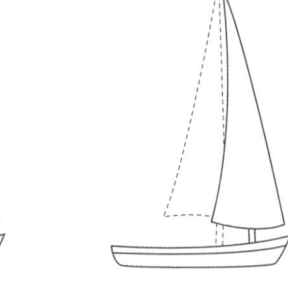 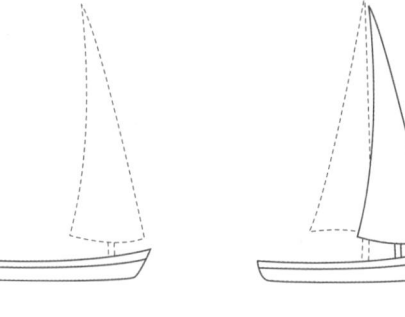  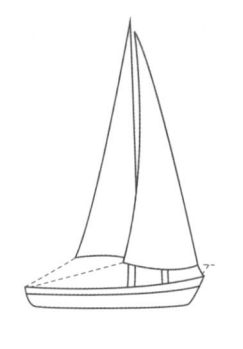 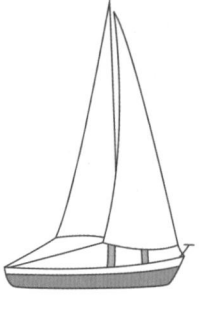

绘制船体。　　　　绘制一侧帆。　　　　绘制另一侧帆。　　　　绘制绳索与桨。　　　　完成上色。

07 汽车

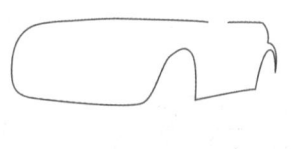 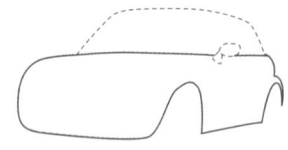 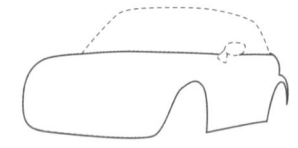 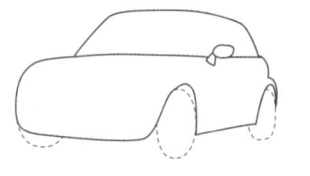 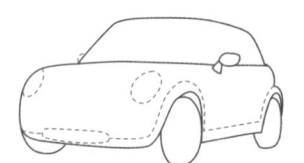

绘制车身。　　　　绘制车顶及反光镜。　　　　绘制车轮。　　　　绘制绘制车身细节。

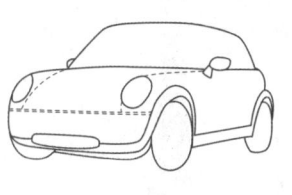  

绘制立体效果。　　　　绘制把手及窗户。　　　　绘制细节。　　　　完成上色。

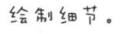

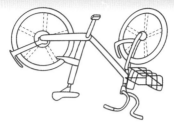

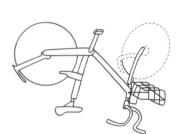

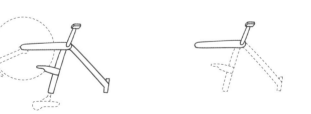

09 黄包车

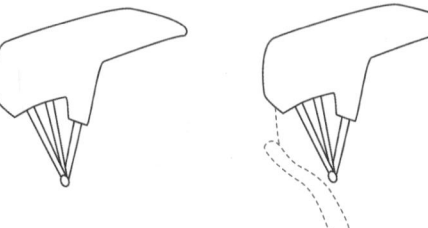

绘制车篷。

绘制右侧车轮挡板。

绘制车座一侧。

完善车座的绘制。

绘制车篷右侧。

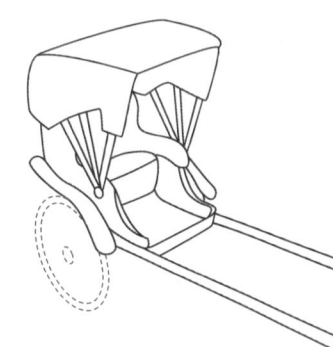

绘制车杆。

绘制车轮。

绘制车条。

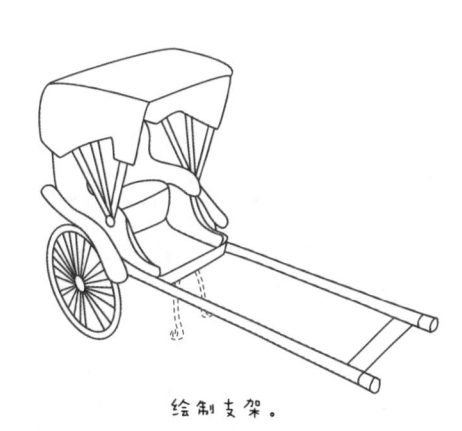

绘制拉杆前侧挡板。

绘制支架。

完成上色。

10 电瓶车

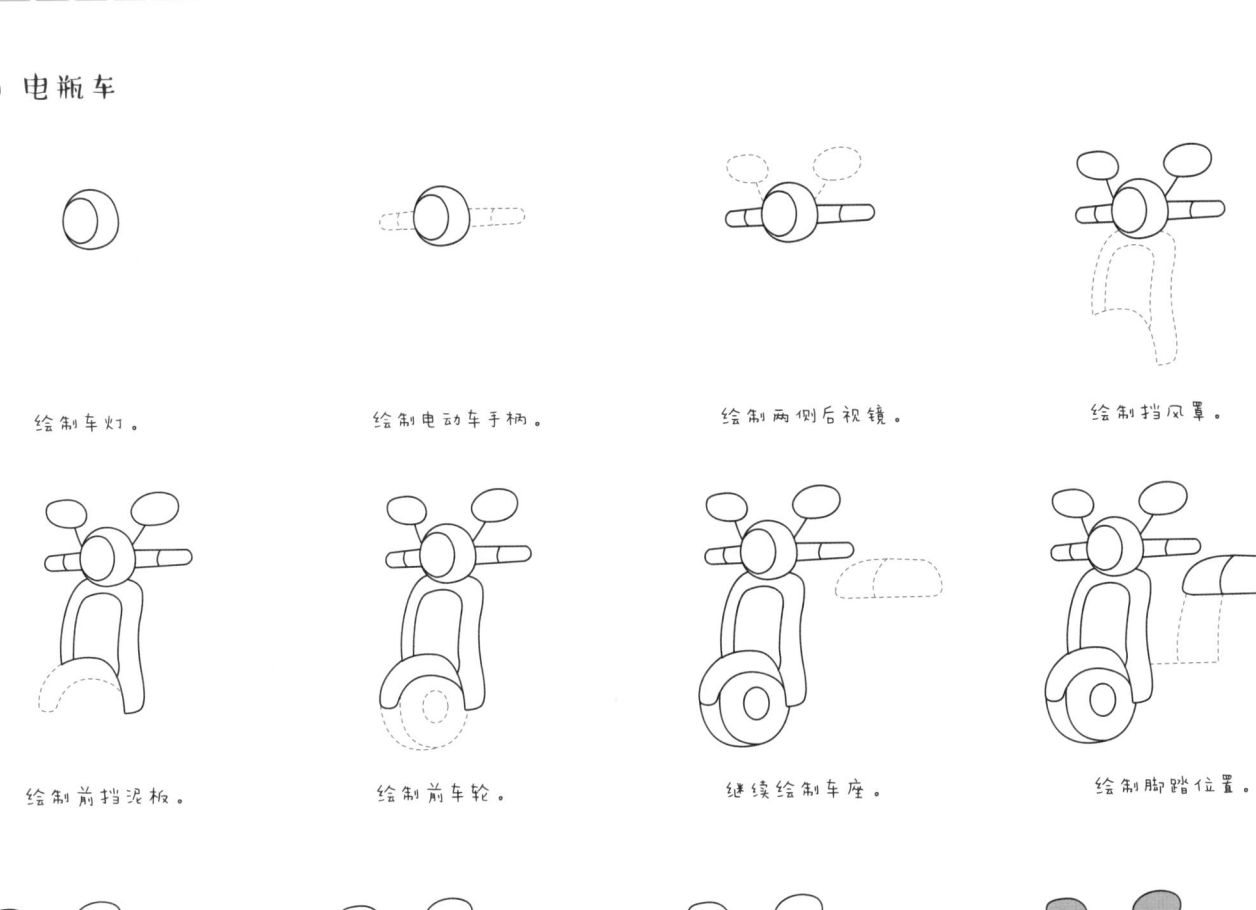

绘制车灯。

绘制电动车手柄。

绘制两侧后视镜。

绘制挡风罩。

绘制前挡泥板。

绘制前车轮。

继续绘制车座。

绘制脚踏位置。

绘制车身。

绘制车身细节。

绘制后车轮。

完成上色。

第 3 课

吃吃更健康 —— 食物素材

人们每天都需要摄入很多维生素，而这些维生素大多来源于新鲜的水货、蔬菜。不管是蔬菜还是水果，他们的颜色、大小、形态都是截然不同的，那到底该怎样将他们绘制的可爱呢？我们来一起学习吧。

一天的工作忙碌之后应该为自己补充大量的营养，餐后来一份水果是一个不错的选择。

一些增加食欲的颜色。

黄色系　红色系　紫色系　绿色系

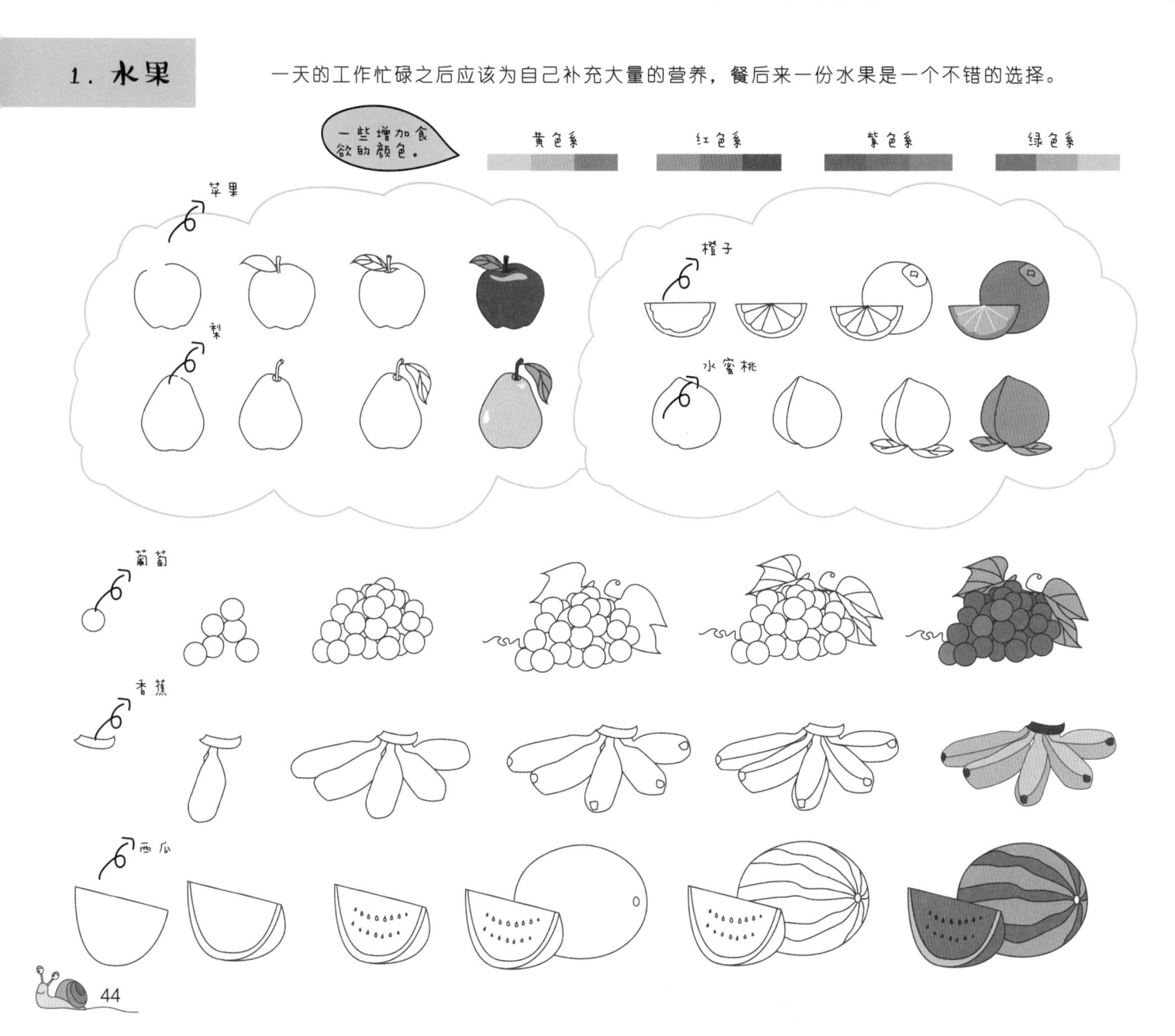

苹果

梨

橙子

水蜜桃

葡萄

香蕉

西瓜

樱桃

火龙果

黄桃

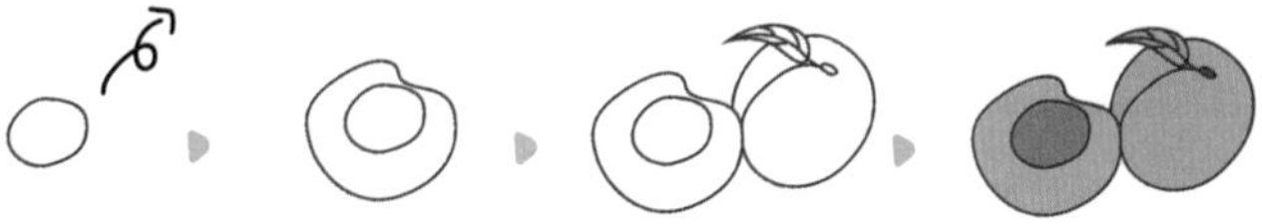

榴莲

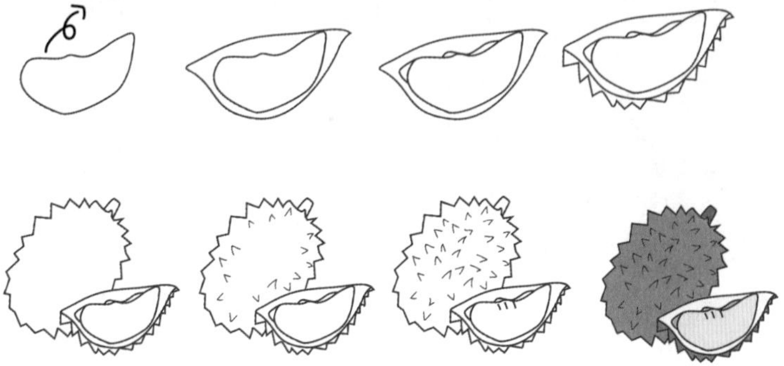

tips:

在有时间的情况下，一定要到水果摊，或者到菜市场买水果，
因为他们的会更加新鲜。

甘蔗

2. 干果

多吃坚果有什么好处？坚果营养成分很丰富，每天当零食吃一点对身体很有好处，特别是孕妇在怀孕前 3 个月适量吃一些核桃能够让宝宝变得更聪明。

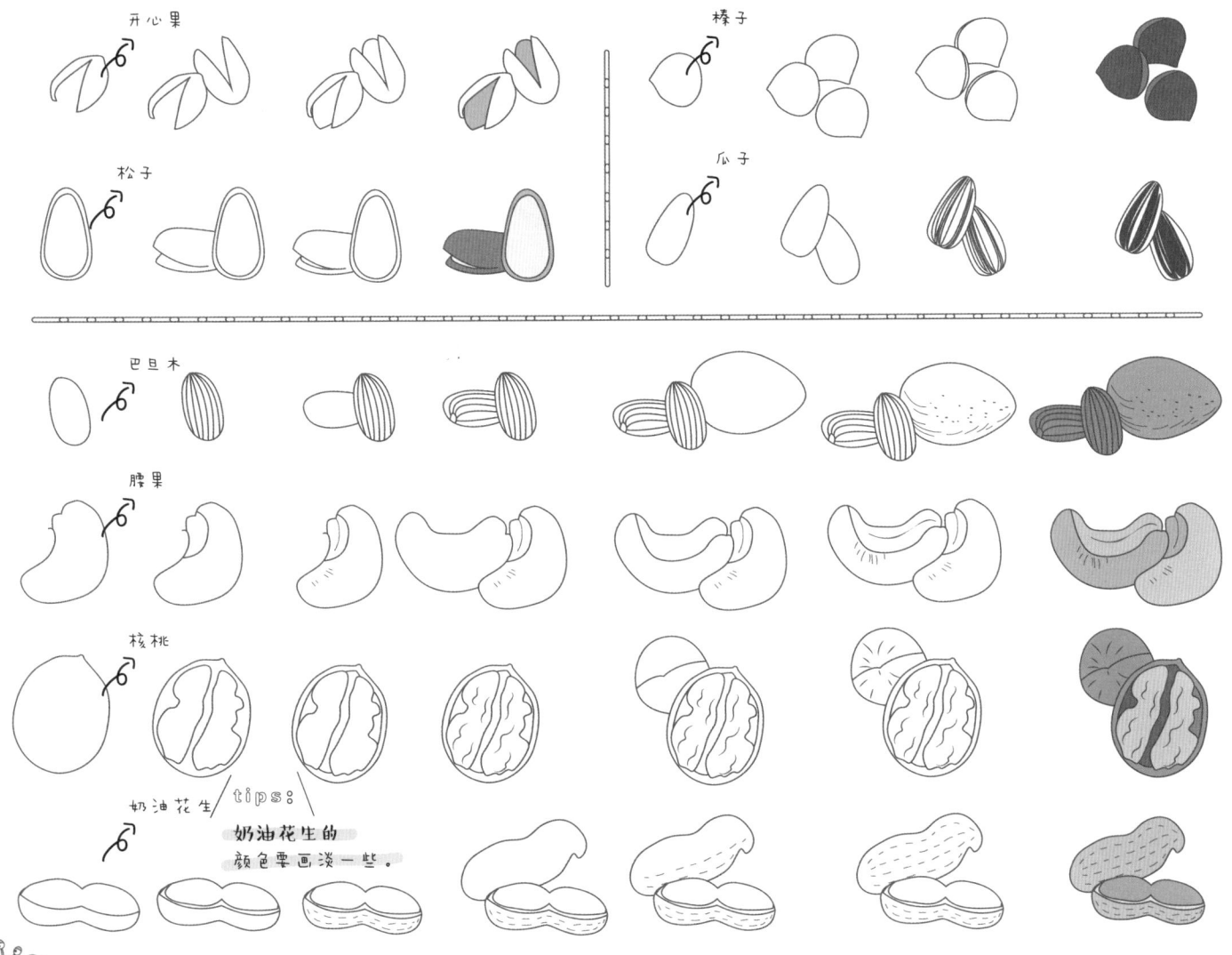

开心果

榛子

松子

瓜子

巴旦木

腰果

核桃

奶油花生

tips：
奶油花生的颜色要画淡一些。

3. 冷饮

冰淇淋

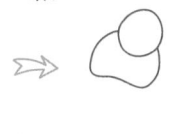

碎碎冰

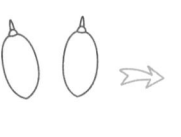
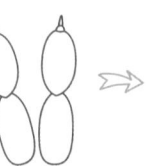

橙汁儿

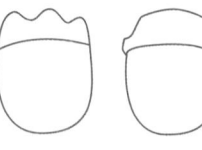

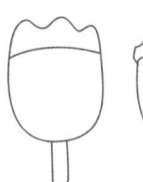
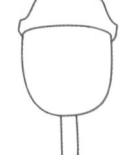

盐汽水儿

笑脸雪糕

现在很怀恋小时候的笑脸雪糕，就是巧克力和牛奶的那种，貌似是一块五还是一块钱的样子，记忆中的味道是相当的美好啊。转眼就老去了，小学生都变成吃小布丁和绿色心情～(≥▽≤)～啦啦啦。

4. 蔬菜

包菜

茄子

白菜

土豆

木瓜

南瓜

莲藕

西红柿

丝瓜

甜椒

香菇

第4课

无处不在的装饰 —— 页面修饰元素

在绘画或者是做PPT的时候，总有一些小图案点亮你的本本或者是PPT。他们简单易学，下面一起来学如何绘制这些超实用的图案吧。

1. 必不可少的装饰元素

蜗牛

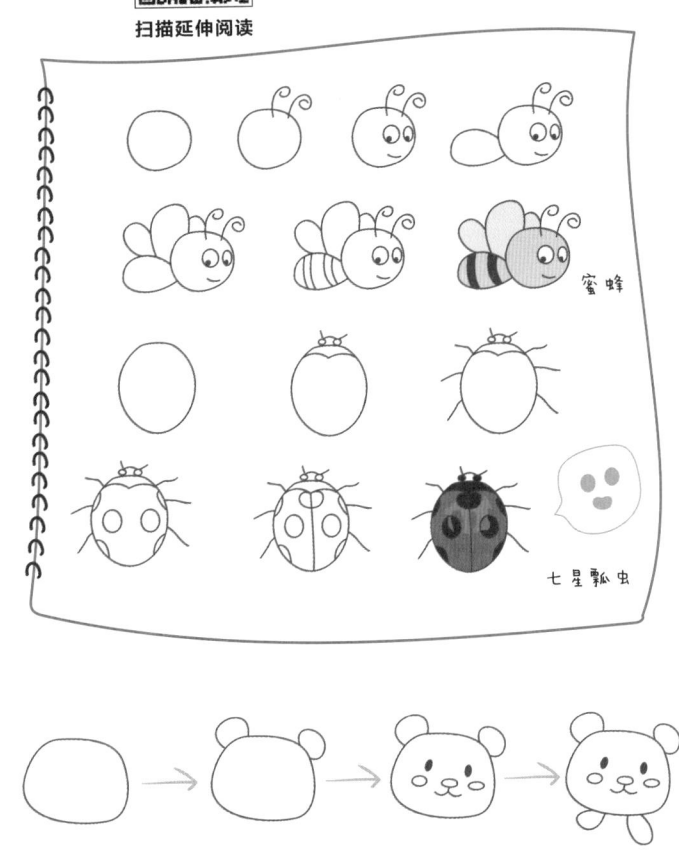

尤克里里

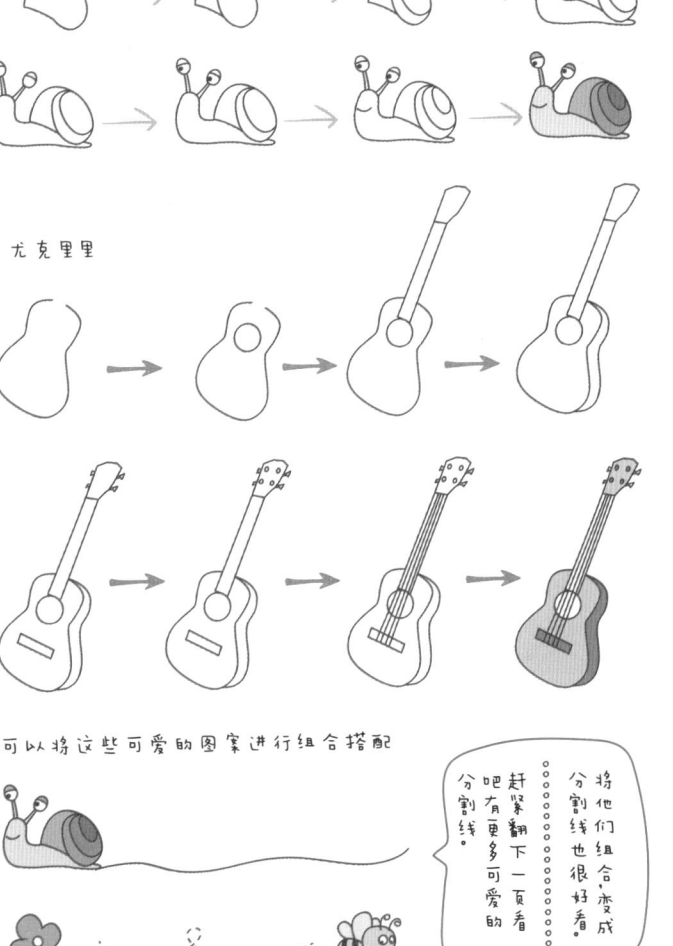

可以将这些可爱的图案进行组合搭配

将他们组合变成分割线也很好看。赶紧翻下一页看分割线吧有更多可爱的

可爱小熊猫

50

一些可爱的分割线

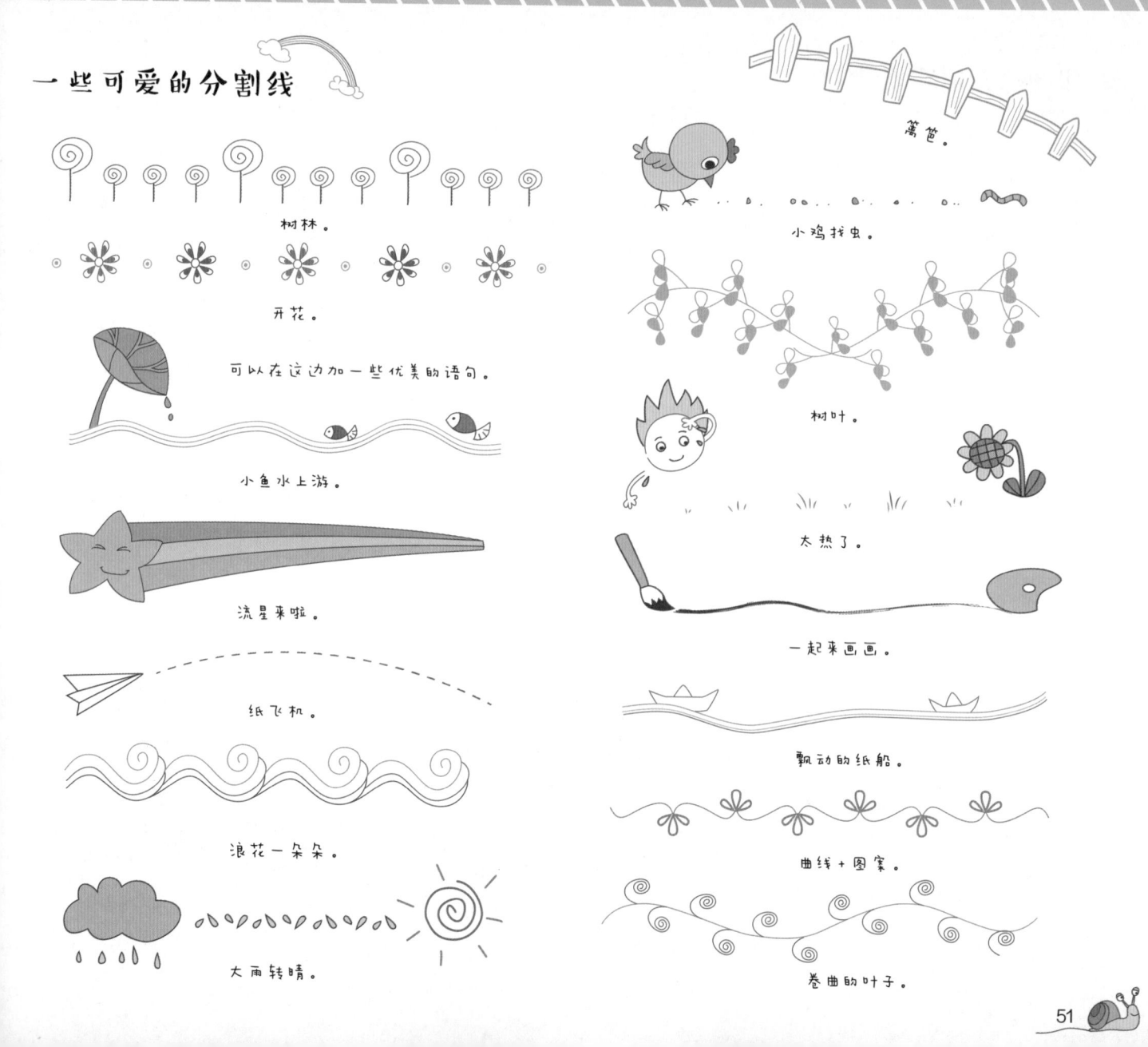

树林。

开花。

可以在这边加一些优美的语句。

小鱼水上游。

流星来啦。

纸飞机。

浪花一朵朵。

大雨转晴。

篱笆。

小鸡找虫。

树叶。

太热了。

一起来画画。

飘动的纸船。

曲线+图案。

卷曲的叶子。

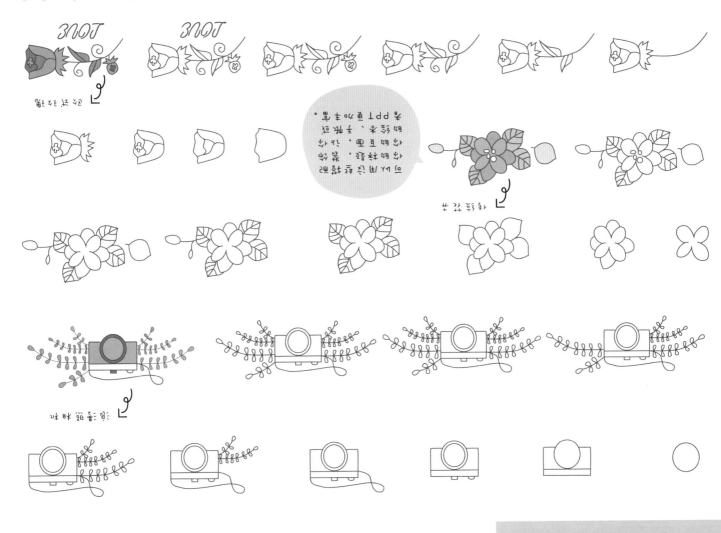

生日蛋糕

欧式房子

你来试试?

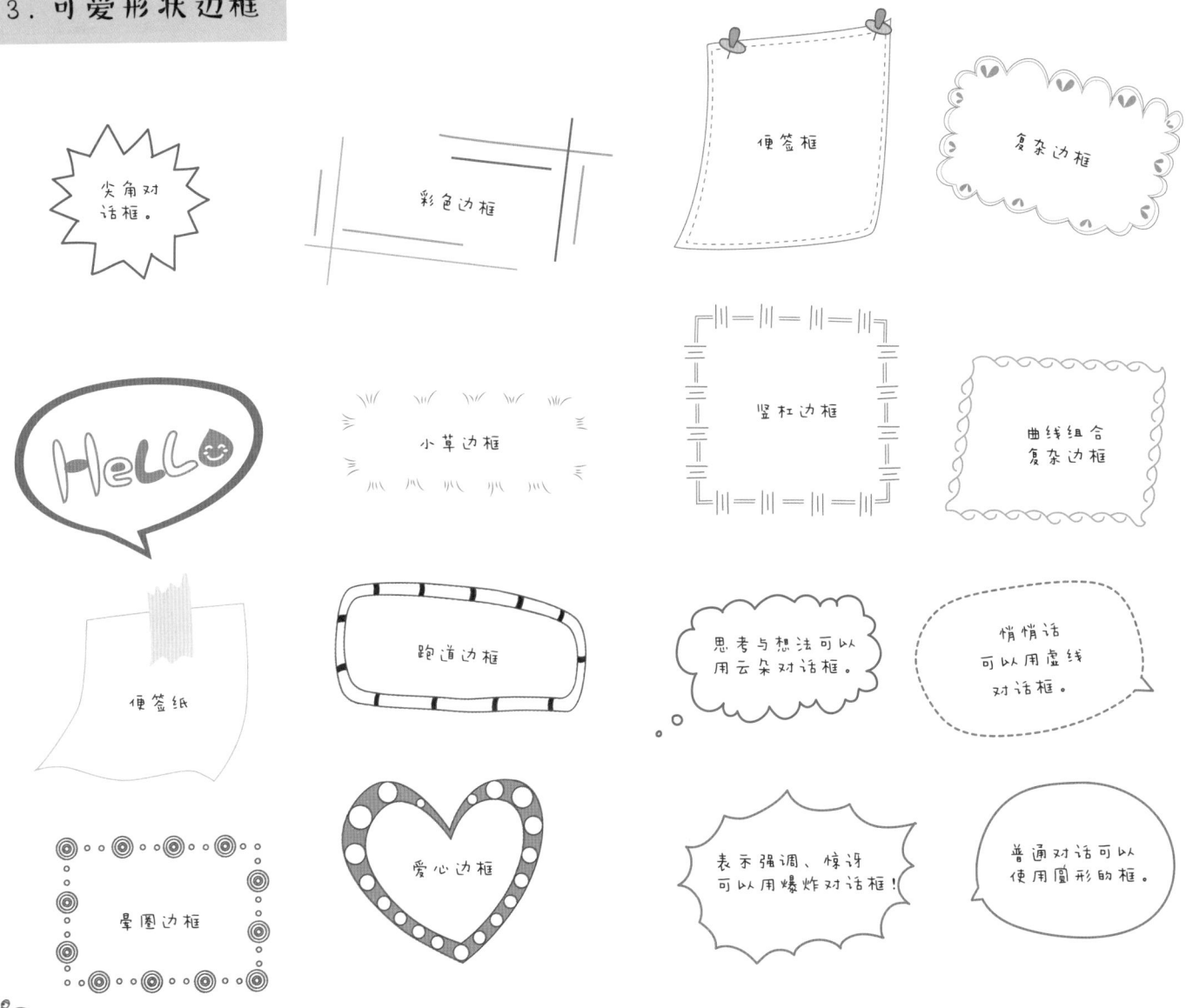

尖角对话框。

彩色边框

便签框

复杂边框

HeLLo

小草边框

竖杠边框

曲线组合
复杂边框

便签纸

跑道边框

思考与想法可以
用云朵对话框。

悄悄话
可以用虚线
对话框。

晕圈边框

爱心边框

表示强调、惊讶
可以用爆炸对话框！

普通对话可以
使用圆形的框。

4. 绿色盆栽巧点缀

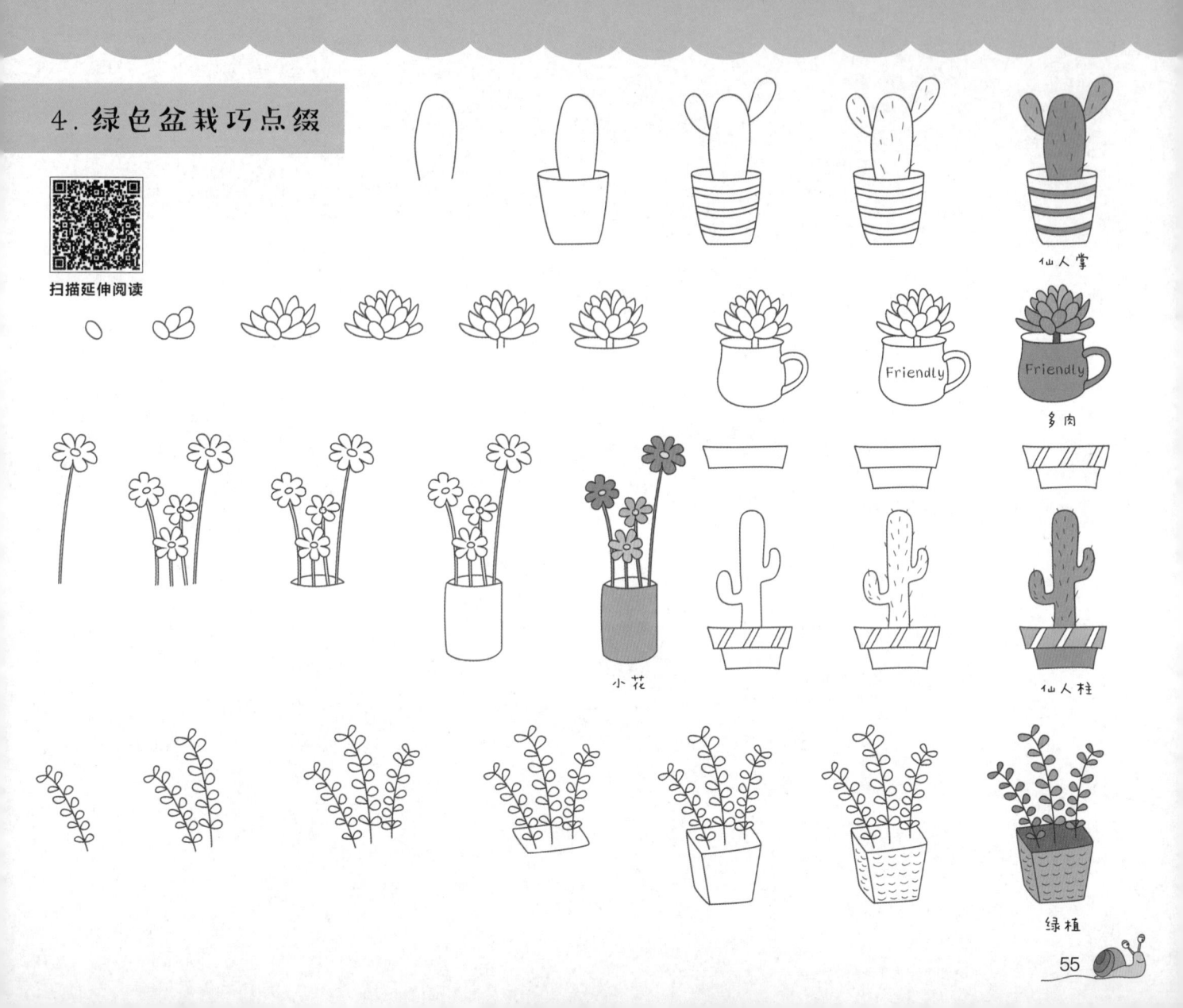

仙人掌

多肉

小花

仙人柱

绿植

55